中等职业教育国家规划教材配套教学用书

珠 算 技 术

Zhusuan Jishu

（会计专业）

（第二版）

主 编 孙明德 徐 蓓

高等教育出版社·北京

内容简介

本书参照行业职业技能鉴定规范及等级考核标准编写而成,突出职业教育特色。

全书共分 5 个单元,主要内容有:珠算基础知识,珠算加减法,珠算乘法,珠算除法,简易心算。本书基础性、实践性较强,语言简洁流畅,文字通俗易懂,图文并茂,可读性强。

本书与《珠算技术强化训练》配套出版发行。

本书可作为中等职业学校财经类专业的专业基础课教材,也可作为职业培训教材或自学用书。

图书在版编目(CIP)数据

珠算技术 / 孙明德,徐蓓主编. --2 版. --北京:
高等教育出版社,2022.1

会计专业

ISBN 978-7-04-057547-7

Ⅰ. ①珠… Ⅱ. ①孙… ②徐… Ⅲ. ①珠算-中等专业学校-教材 Ⅳ. ①O121.5

中国版本图书馆 CIP 数据核字(2021)第 261995 号

策划编辑	刘 睿	责任编辑	黄 静	封面设计	李卫青	版式设计	李彩丽
插图绘制	邓 超	责任校对	高 歌	责任印制	赵义民		

出版发行	高等教育出版社	网　址	http://www.hep.edu.cn
社　址	北京市西城区德外大街 4 号		http://www.hep.com.cn
邮政编码	100120	网上订购	http://www.hepmall.com.cn
印　刷	北京中科印刷有限公司		http://www.hepmall.com
开　本	889mm×1194mm　1/16		http://www.hepmall.cn
印　张	11.5	版　次	2009 年 1 月第 1 版
字　数	230 千字		2022 年 1 月第 2 版
购书热线	010-58581118	印　次	2022 年 1 月第 1 次印刷
咨询电话	400-810-0598	定　价	29.80 元

本书配套的数字化资源获取与使用

二维码教学资源

　　本书配有教学视频、知识拓展、自我检测参考答案等资源,在书中以二维码形式呈现。扫描书中的二维码进行查看,随时随地获取学习内容,享受立体化阅读体验。

打开书中附二维码的页面　　　　扫描二维码　　　　查看相应资源

Abook 教学资源

　　本书配套 PPT、授课教案等教学资源,请登录高等教育出版社 Abook 网站 http://abook. hep. com. cn/sve 获取。详细使用方法见本书"郑重声明"页。

注册　　　　　　　登录　　　　　　　绑定课程

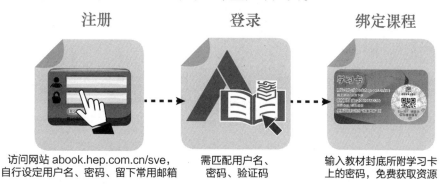

访问网站 abook.hep.com.cn/sve,　　需匹配用户名、　　　输入教材封底所附学习卡
自行设定用户名、密码、留下常用邮箱　密码、验证码　　　上的密码,免费获取资源

扫码下载 App

第二版前言

珠算是我国劳动人民在长期的社会实践中创造发明的,是中华优秀传统文化的代表之一,是宝贵的文化遗产。现在虽已进入信息技术时代,但珠算具有优越的计算和教育功能。在一些财经类院校中,珠算技术的教学也有独特的地位。随着中国珠算项目列入"联合国教科文组织人类非物质文化遗产名录",学习珠算技术有利于实现中华优秀传统文化的创造性转化和创新性发展。本书第一版自2009年出版以来,一直受到广大职业院校师生的欢迎,一线教师提出了很多宝贵的意见和建议。因此,我们进行了本次修订。

本书在保留原教材编写体例的基础上,新增了珠算的非遗与国际化等内容,并对其他内容进行了优化,使之更加实用。

本书具有以下特点:

1. 突出基础性。即以实际应用为基础,注重阐述珠算技术的基本方法和基本技能;重点阐述数字书写技能、珠算技能、珠算与心算结合技能等基本知识和基本技能,帮助学生初步形成解决实际问题的能力,为学习专业知识和掌握职业技能打下基础。

2. 注重实践性。本书以相关的职业岗位需求为依据,密切联系中等职业学校学生的实际情况,力求做到传统计算方法与现代计算方法相结合;尽可能多地采取示范性教学,注重技能训练;突出广泛的实用性特点,较好地适应目前中职学生的学习特点。

3. 图文并茂、形象具体。教学内容更加直观、易懂,适合学生自学。

4. 突出可读性。教材结构合理、篇幅适中、文字简洁、语言流畅、深入浅出、可读性强。

本书各单元学时分配建议如下表所示,各校在使用本书时可根据实际需要适当进行调整。

各单元学时分配建议表

单 元	学 时	单 元	学 时
单元1	8	单元5	4
单元2	12	机动	2
单元3	10	总计	48
单元4	12		

本书由孙明德、徐蓓任主编,其中单元1由谢贞、付瑜修订,单元2由胡珊、陈飞修订,单元

3 由赵舒婷修订,单元 4 由徐蓓修订,单元 5 由余燕修订。全书由徐蓓负责统稿。

为了方便教师教学和学生自主学习,本书配有二维码数字资源,可在网络环境下"扫一扫"书中的二维码图片,获取相关的教学资源。同时,本书还配有同步训练及学习卡资源等。

由于编者水平有限,疏漏之处在所难免,敬请读者批评指正,以便下次重印时修改提高。读者意见可发送至信箱:zz_dzyj@ pub. hep. cn。

编者

2021 年 8 月

第一版前言

根据教育部颁布的中等职业学校财经类专业课程设置和珠算技术教学基本要求,为了满足中等职业学校人才培养和全面素质教育的需要,我们编写了这本教材,以供中等职业学校财经类专业教学使用。

本教材编写的指导思想是:按照珠算技术教学基本要求,着力培养学生掌握适应各种经济业务特点的计算方法与技能;使学生具备成为高素质劳动者和中初级专门人才所必需的数字书写技能、珠算技能、珠算与心算结合技能等基础知识和基本技能;为学生学习专业知识,熟练掌握职业技能,提高整体素质,增强适应职业变化和继续学习的能力打下一定的基础。

本教材主要突出以下几个特征:

(1)基础性。即以实际应用为基础,注重阐述本学科的基本方法和基本技能。重点阐述数字书写、珠算、珠算与心算结合等基本知识和基本技能,初步形成解决实际问题的能力,为学习专业知识和掌握职业技能打下基础。

(2)实践性。一是密切联系目前我国经济发展状况,特别是密切联系中等职业学校学生的实际情况,力求做到传统计算方法与现代计算方法相结合;二是尽可能多地采取示范性教学方法,注重技能训练;三是尽力突出广泛的实用性特点,较好地适应目前中职学生的学习特点。

(3)直观性。图文并茂、形象具体,使教学内容更加直观、易懂,更适合学生自学。

(4)可读性。尽可能地使教材结构合理、篇幅适中、文字简明、语言流畅、深入浅出、可读性强。书中打"*"部分为选学内容。

本教材可以满足当前广大中等职业学校财经类专业对《珠算技术》教材的迫切需要。

本教材教学及技能训练参考课时为48学时,各章参考学时分配如下表。在使用时可根据实际需要适当进行调整。

各章参考学时分配表

章　　次	学　　时	章　　次	学　　时
第一章	8	第五章	2
第二章	12	附录	2
第三章	10	机动	2
第四章	12		

本教材由孙明德任主编,苏景法、王永慧、张红、赵耀文、赵瑞山、刘淑英参编。其中,第一章由孙明德、赵瑞山编写,第二章由孙明德、王永慧编写,第三章由张红、赵耀文编写,第四章由苏景法、刘淑英编写,第五章由苏景法、张红编写,附录由孙明德、王永慧、刘淑英编写。

本教材在编写过程中,得到山东省教学研究室、山东省珠算协会、山东商业职业技术学院有关领导的大力支持及山东省教学研究室于家臻教研员的指导。本书由中国职业技术教育学会教学工作委员会财会经管专业教学研究会审定;由山东省珠算协会副会长、山东商业职业技术学院院长钱乃余教授和山东省珠算协会大中专珠算教育委员会主任、山东商业职业技术学院王宗江研究员主审。本书参考了同行的一些著作和研究成果,在此一并表示感谢。

由于编写时间仓促,水平所限,书中难免存在不足之处,恳请各位专家、教师和读者批评指正。

编者

2008 年 8 月

目　　录

单元 1
珠算基础知识

　　珠算历史悠久,是我国劳动人民在长期的社会实践中创造发明的。珠算技术是以算珠为载体,以算盘为工具,以其独有的计算原理和基本的数学原理为基础进行数值计算的一种计算方法。

　　珠算不仅具有优良计算功能,同时还具有优越的教育功能和优异的启智功能。2013 年 12 月 4 日,中国珠算正式列入联合国教科文组织人类非物质文化遗产名录。

任务1.1 珠算的起源与发展

珠算是我国古代劳动人民的伟大创造,对我国经济发展做出了重大贡献。

我国珠算萌于商周,始于秦汉,臻于唐宋,盛于元明,是我国文化宝库中的优秀科学文化遗产之一,被誉为中国的"第五大发明",有"世界上最古老的计算机"之美称。

珠算童谣

◇学习目标

了解珠算的历史渊源;
知晓珠算的发展历程。

活动1.1.1 珠算的起源

◇基本技能

珠算及算盘是我国劳动人民在长期的社会实践中发明创造的,它是在与多种算具、算法的竞争中不断完善的一种先进计算技术和计算工具。

珠算技术发展至今,经历了一个漫长的历史过程。虽然珠算在中国具体创始于何时至今尚无确切的考据,但从考古发现与现存史料分析可以看出它产生和发展的大体轮廓——源于商周,始于秦汉,臻于唐宋,盛于元明,且最迟在明朝开始逐步替代了其他计算方式、技术和计算工具,在计算领域中独领风骚并一直发展至今。

据专家考证,在我国陕西省岐山县发现的西周时期的90颗带色陶丸,是最早的计算工具之一,可证明珠算历史久远。

最早记载珠算的古籍书是东汉徐岳精心撰写、北周甄鸾注解的《数术记遗》。《数术记遗》(图1-1)原文提到:"珠算,控带四时,经纬三才"。甄鸾对此做了注解:"刻板为三分,其上下二分,以停游珠,中间一分,以定算位。位各五珠,上一珠与下四珠色别。其上别色之珠当五,其下四珠,珠各当一。至下四珠所领,故云'控带四时'。其珠游于三方之中,故云'经纬三才'也。"

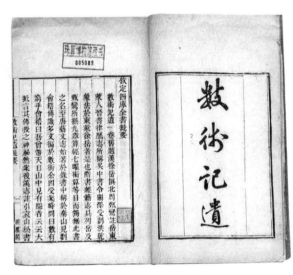

图1-1 数术记遗

3

在这部书中的珠算工具，已经初具现代珠算盘的雏形，它让算珠游于三方之中，恰和现代算盘的算珠游于上边、中梁、下边附近相似。这种游珠算盘虽未把盘珠合成一体，但从文中可以判断它在使用或闲置时，其算珠始终是按上一下四的规律逐位排在算盘上的，既与现代算盘的设计方式具有一致性，又和西周陶丸将别色之青珠、黄珠用于计算的方式相一致。

从东汉初年到甄鸾的北周时代，约有 500 年，其间出现了两仪算、三才算、九宫算和记遗珠算等多种计算工具，但都没有代替筹算。古代筹算的乘除法都排列为三行式演算，手续相当烦琐。唐代中叶后出现了算法改革。唐代宗时期（762—779 年）的《夏侯阳算经》，提出了多种算法：重因、身外加、身外减、损乘，其特点是能在一行内进行演算，可以把筹算的三重张位化为一重张位，是筹算算法转变为珠算算法的重要一步。唐代中叶后出现的算法改革，为固定成盘的算盘创造了条件，使游珠算盘得以固定成型。北宋时期已存在现代的串珠算盘，可以从以下史料中得到佐证：

（1）巨鹿算珠（图 1-2）。1921 年 7 月河北省巨鹿县故城发掘，获得一批文物，其中有一颗算珠，木质，扁圆形，直径 2.11 厘米，有孔，与现代七珠大算盘的算珠基本相同。

图 1-2　巨鹿算珠

（2）《清明上河图》中的算盘图（图 1-3）。这幅画是北宋著名画家张择端所绘，现存于故宫博物院，其卷末赵太丞家药铺柜台上，绘有一架算盘，与现代七珠大算盘相同。

（3）刘因的《算盘诗》。宋末元初，有人以算盘为题作诗，说明珠算已在宋代民间开始推行。

（4）王振鹏的《乾坤一担图》中的算盘（图 1-4）。该图上有一货郎担，在后担内插有一把算盘，其梁、档、珠极为明显，同现代算盘一样。元初货郎担上已有算盘，说明当时算盘在民间已盛行于市。

图 1-3　清明上河图中的算盘图

图 1-4　乾坤一担图中的算盘

到了元代，算盘更为盛行，元曲中出现了"算盘"字样，如《庞居士误放来生债》杂剧中，有"去那算盘里拨了我岁数"。陶宗仪在笔记《辍耕录》中也有"算盘珠"一词并提到"拨之则动"

之类的话语。刘因是河北人,陶宗仪是浙江人,可见当时我国南北方皆已流行珠算。

明代更是我国珠算发展的鼎盛时期。明代中国珠算完全替代了其他算法(筹算),朝野上下都用珠算;珠算算法日趋完善,珠算书籍大量出现。比较著名的珠算书籍有:吴敬的《九章算法比类大全》(1450年);王文素的《算学宝鉴》(1524年);徐心鲁的《盘珠算法》(1573年);明代珠算家程大位的《算法统宗》(1592年),这本书流传十分广泛,还曾传到国外。

明末,西洋笔算、纳伯尔筹算和尺算相继传入中国,打破了珠算一统天下的局面。然而笔算只在上层文人中流行,民间仍然以珠算为主,特别是商业界,完全依靠珠算解决经济计算问题。《算法统宗》的改编本也大量出现。

清代珠算著作繁多,如清初数学家梅珏成改编的《增删算法统宗》等。清末倡导维新,兴办学堂,在学校内笔算、珠算并重,并多次编出珠算教科书,使珠算走向了正规教育。

以上所述充分证明了珠算和算盘是我国古代劳动人民在长期社会实践中的伟大创造,是我国古代劳动人民创造的宝贵文化遗产。

◇自我检测

请简要阐述珠算产生和发展的大体过程。

活动 1.1.2　珠算的现状与发展

◇基本技能

一、珠算的现状

中国珠算历史悠久,长盛不衰。珠算对我国乃至世界上一些国家的经济、文化建设和科学技术发展发挥了重要作用,近半个世纪以来,伴随着电子计算机的发展和我国社会经济的发展,珠算本身也在迅猛发展。在发展传统珠算技术基础上,大力推广普及珠心算教育和三算(珠算、笔算、口算)结合教学,取得了显著成效,颇受群众欢迎和社会关注。

新中国成立以来,党和政府十分重视珠算科学的发展。1972年10月,周恩来总理在谈发展电子计算机时指出:"要告诉下面,不要把算盘丢掉。"1978年8月,一些珠算界人士上书党中央请求加强对珠算的领导,成立珠算组织。同年10月,邓小平同志亲自批示:"不要把算盘丢掉,交科学院、财政部研办。"1979年10月31日,在财政部和中国科协的关怀下,成立了中国珠算协会。随后,各省、市、自治区也相继成立了珠算协会,这些组织建立后,大力开展珠算宣传,普及珠算教育,开展珠算技术等级鉴定,举行珠算技术比赛,促进珠算理论的深入研究,加强国际民间交往和海峡两岸珠算交流。1992年1月21日,时任中共中央总书记江泽民在常州市刘国钧职教中心财会模拟室视察时,非常关心学生使用算盘的情况,鼓励学生打好算盘。1998年,时任国务院总理朱镕基视察了大连,在观看庄河实验小学学生的珠算表演后说"很了不起"并对珠心算教育成果给予了极大的肯定。包括中国珠算在内的非物质文化遗产,在习近平总书记心中同样拥有着极高的地位。习近平总书记多次在不同场合阐释中华优秀传统文化的意义。他常常在考察中赞扬那些植根于人民群众朴素劳动、传承守护至今的非物质文化遗产项目。

中国珠算,从明代流传到日本、朝鲜、越南、泰国、南洋群岛等地。20世纪60年代起,先后传到美国、英国、墨西哥、巴西、加拿大、坦桑尼亚等国家。

日本电子计算机很发达,但对珠算也很重视。早在20世纪50年代初,日本就建立了珠算组织。日本数以万计的珠算学校进行珠算培训,几十个学术团体开展学术研究,在小学中强调珠算教育并颁发了教学大纲要求。每年8月8日是日本的"算盘节",这一天,人们会举行盛大的游行庆祝活动。很多日本企业还使用珠算来训练员工的反应能力和机敏度,可见珠算对日本文化影响之深。

美国电子计算机(器)的应用相当普遍。美国一些教育家在教学中发现小学生使用计算器的害处,从实践中逐渐认识到,使用计算器,只要一按按钮,不懂计算方法也能得出答数来。但是这在初等教育中是不合时宜的,而毋宁说是明显有害的,即便是原子和电子计算机时代,也还需要基础数学知识,而算盘在其漫长的历史中,证明了它们的基础概念是会永久持续下去的。美国珠算教育中心主任列奥·理查德博士说:"算盘帮助学生认数是个飞跃,算盘也在创造数学"。

珠算在东南亚地区也十分兴盛。在时任总理马哈蒂尔的亲自倡导下,马来西亚掀起全马"珠算热",1994年正式编入小学课本。1997年珠算也进入新加坡小学课堂。在两国的推动下,印度尼西亚、泰国、印度的珠算也有起色。珠算不仅影响到亚洲,而且也影响至亚洲外的其他国家和地区。

总之,中国发明的珠算,对世界影响深远。1980年,由中国、日本、美国、巴西等国的珠算教育工作者联合签署的《国际珠算教育者会议宣言》指出:努力普及珠算,通过珠算为人类造福,是珠算教育工作者的神圣使命。随着对珠算的深入研究和珠算活动的广泛开展,珠算的影响将会遍及全世界。

二、珠算的未来

珠算历史悠久,源远流长,在当今电子计算机时代仍具有强大生命力,这主要是由于:

(一)珠算具有优良的计算功能

珠算不仅能进行加、减、乘、除运算,而且能进行乘方、开方等较为复杂的计算,其加减运算的效率远优于电子计算机(器)。当然,不能否认计算机(器)在多位数乘除运算中具有明显优势,而在实际生活中,加减算约占整个计算量的80%,两三位的乘除也是大量的,随时随地需要运算。在这方面,珠算,特别是珠心算则有更广阔的天地,在今后较长的历史时期内珠算作为一种计算技术,将与电子计算机(器)共存,并继续服务于社会。

（二）珠算具有优越的教育功能

珠算的教育功能已日益得到社会的重视和应用,开展珠算(包括珠心算)教学,对数学的学习是极为有利的。多年教学实验证明,珠算学习符合学习数学的心理特点,既形象又具体,拨珠运算时,手动珠动,珠动数出;同时,算盘记数,简单明快,以珠示数,以档定位,数位清楚,层次分明;转化灵活,加中有减,减中有加,五升十进,以加代乘,以减代除,算理算法清晰明了,易懂易学。实践证明,算盘作为一种良好的教具,有助于形成数的概念,了解数的计算过程,因此,珠算具有优越的教育功能。

珠算这种优越的教育功能,也引起了国外教育家的注意并受到其高度评价。如美国为了解决由于发展电子计算技术给初等数学教育带来的冲击,决定借助珠算的教育功能,提高儿童的计算能力。1977年在加利福尼亚大学成立了美国珠算教育中心,把中国珠算当作"新文化"加以引进并运用。此后,美国加利福尼亚州80%的小学生开始学习珠算。美国《读者文摘》1987年4月载文:"现在西方的教育家们发现,在西方已失宠了500年的算盘,对数学教学原理而言远比笔、纸、电子计算器和计算机更加出色。"在日本,对珠算教育高度重视,1989年公布的新小学教学大纲,进一步增加了珠算课课时。现在,日本全国性的珠算团体有全国珠算教育联盟、日本珠算联盟以及全国珠算学校联盟,并由这三个团体结成全国珠算教育团体联合会,提出"强化学校珠算教育"的口号开展活动,强烈要求国家改善珠算教育的现状等。在巴西,不少小学、中学逐步普及珠算教育。墨西哥自1977年就建立了普及珠算的体系。上述事例说明,珠算优越的教育功能,不仅在中国,而且在世界许多地方受到重视,并付诸实施。

（三）珠算具有优异的启智功能

在珠算运算时,眼、手、脑并用,并协调配合,可以训练敏锐的目光扫视、灵活的手指动作、高强的记忆能力、紧张的脑力活动。经常打算盘,可以增强思维活动,促进思维发展,锻炼人的意志,培养人的注意力、观察力和记忆力,提高人的分析力、判断力,特别是通过右脑的高强度活动,对整个大脑的开发具有特别重要的意义,这是其他开发手段难以做到的。随着时间的推移,越来越多的人将认识到珠算特别是珠心算对开发人类智能的特殊意义,进而被人们所选择和运用。珠算这门古老的技术,将以崭新的面貌风靡世界,造福社会,为人类的进步事业作出新的贡献。

请简要阐述珠算有何功能与贡献？

任务 1.2　珠算列入非遗与国际化

　　早在 16 世纪,珠算就进入了日本、朝鲜、越南等周边国家。今天已经传遍世界各地,在美国、加拿大、英国、德国、马来西亚等众多地方引入了中国珠算课程。这是因为人们在整理"非遗"过程中,发现了珠算新的生命力。

　　珠算是宝贵的精神财富,传承中华民族精魂,是我国传统文化的瑰宝。

◇学习目标

了解世界各国多元的计算文化;

认识跨文化交际的珠算文化与技能;

理解世界的多元性对不同算具文化知识进行对比、分析。

活动 1.2.1　世界非物质文化遗产——中国珠算

珠算文化

◇基本技能

　　珠算以中华传统文化的独特性、持久性与厚重性著称于世,对中华文化的形成产生着深远的影响。如指某人精于计算时,"铁算盘"一语便是对其行事严谨或精打细算的称扬;"三下五除二"则形容做事干脆利落。

2008 年 6 月 14 日,珠算(程大位珠算法、珠算文化)列入第二批"国家非物质文化遗产代表性项目名录"。2013 年 12 月 4 日,联合国教科文组织宣布"中国珠算——运用算盘进行数学计算的知识与实践"列入"人类非物质文化遗产名录",体现了国际社会对中华传统文化的认同,以及对珠算文化实践者的尊重。这对激发中华民族的自豪感,增强民众对中华优秀传统文化的传承和保护意识将产生积极作用。

　　珠算是中国、亚洲乃至全世界人民的共同财富,是中华民族对世界科技文化进步的一项重要贡献,已经成为世界文化遗产的重要组成部分。列入"人类非物质文化遗产名录"的中国珠算,必将对增进中华传统文化与世界其他文化间的对话与交流、促进世界文化多样性发挥更好的作用。

查询探究中外算具、算法和技能文化差异。

活动 1.2.2　珠算的国际化

◇基本技能

新时代珠算心算要借助于国家实施的"一带一路"文化走出去的倡议,切实增强做好走出去工作的紧迫感、责任感、使命感,增强文化自信,推动珠算等中华优秀文化走出去,提高国家文化软实力,促进珠算、珠心算在国际的传播,提高珠算、珠心算文化的国际地位和国际影响力。

一、珠算在国际上的地位

珠算不仅在中国得到普遍欢迎和广泛采用,而且走向世界。据史籍记载,中国的算盘和珠算书籍,从 16 世纪(明代)起,先后传入日本、朝鲜、泰国等国家;近代又传入美国、韩国、马来西亚、新加坡、越南、巴西、墨西哥、加拿大、印度、印度尼西亚、坦桑尼亚等国家,对当地的科技发展和社会进步起到了积极的促进作用,产生了广泛深远的影响。

自 16 世纪,珠算就成为中国最重要的计算方法。无论是小规模的商家还是国家掌控的天文、建筑、金融、运输及海外贸易,均离不开珠算。公元 1281 年,中国人开始使用一个新的历法,确定一年为 365.2425 天。这与欧洲的格里高历分秒不差。现在音乐中使用的 12 层音律,早在 12 世纪中期的中国就已经出现记载。这是一项等比数列,要开 12 次方根获得。中国科学家能够完成这些精确的计算都是使用珠算的。英国科学史家李约瑟,在他的著作《中国科学技术史》中给予珠算很高的评价,他认为珠算系统蕴含坐标几何学的原理,是人类最早使用工具代替大脑进行复杂计算的例证。18 世纪,中国珠算和西方数学有了第一次记录。欧洲的笔算、计算器开始陆续传入中国。由于算盘携带方便,计算简易准确,所以中国人仍然钟情于珠算,不仅广泛使用算盘,而且在学校中开设了珠算课程。珠算计算技术通过祖传家教、师徒传授、学校教学的方式,世代相传,并且"出口"。珠算是具象的数学,珠算训练是珠心算。它把算盘内化为人的脑印象,利用这个印象,在大脑中就可以完成复杂计算。试验证明,珠心算可以开发儿童智力潜能、优化人脑的部分功能,这种效果也引起了智障康复医学实践的高度关注。珠算科学中挖掘新的秘密,传承并扩展珠算文化和计算技术正能量,令人鼓舞。珠算训练的珠心算,已引起世人极大兴趣。2013 年,西班牙教育部决定把中国的珠算、珠心算和九九乘法表引进全国小学课程,并邀请中国珠心算教师团队赴西班牙授课,众多听课的西班牙人对中国的珠算无不称赞。

二、世界珠算心算联合会的成立

2002 年 4 月 23 日至 25 日，在上海召开世界珠算心算联合会筹备会议，出席会议的有：中国、日本、新加坡、马来西亚、泰国、印度尼西亚、文莱、叙利亚、美国、加拿大、委内瑞拉等国家和地区的代表 50 余人。2002 年 10 月 28 日至 29 日，世界珠算心算联合会成立大会在北京召开。中国、澳大利亚、文莱、加拿大、印度、印度尼西亚、日本、韩国、马来西亚、新加坡、泰国、汤加、美国、委内瑞拉等国家和地区的珠算心算组织代表，共 450 余人参会。2004 年 8 月 14 日，在上海召开世界珠算心算联合会一届二次理事会议暨世界珠算心算联合会第一届珠心算比赛。出席会议的有：中国、澳大利亚、印度尼西亚、日本、韩国、马来西亚、新加坡、汤加、美国等国家和地区的代表。

世界珠算心算联合会的成立及其活动，使现代中国珠算进一步走向世界，得到了与珠算发明国相称的地位，中国成为世界珠算中心。

三、珠算教育的国际化

1980 年 8 月 10 日，在日本召开的国际珠算教育会议，由中国、日本、美国、巴西等国的珠算教育工作者联合签署的《国际珠算教育者会议宣言》指出："努力普及珠算，通过珠算为人类造福，是珠算教育工作者的使命。"随着对珠算的深入研究和珠算活动的广泛开展，珠算的影响逐步遍及全世界。在亚洲，日本在 20 世纪 50 年代初就建立了珠算组织，"读书、写字、打算盘"成为日本国民基础教育的基本知识和技能要求，日本全国约有 6 万多所珠算补习学校。马来西亚在 1994 年将珠算正式编入小学课本，新加坡在 1994 年也将珠算教学引入小学课堂。在新加坡、马来西亚珠算组织的推动下，印度尼西亚、泰国、印度的珠算教育也逐步兴起。

在亚洲以外的一些国家和地区也重视珠算教育的开展。如 20 世纪 70 年代美国已将珠算作为"新文化"逐步引进美国基础教育；德国早在 2004 年使用的小学教材就有中国算盘内容；巴西中小学逐渐普及珠算教育，一些高等商业学校也将珠算纳入了专业课程体系。

四、珠算比赛的国际化

珠算比赛是训练人类思维进行高速准确运动的有效方式之一，也是开发人脑潜能的有效手段之一。在珠算比赛的国际化进程中，珠算算法不断得以改进、创新和发展，同时也促进了珠算式心算的发展，珠算升华为珠心算。

为了不断提高珠算技术水平，开发智力，培养人才，推动珠算文化的发展，中国珠算协会和各省级珠算协会以及有关部门，积极开展了多种多样的珠算技术比赛活动。1985 年 7 月，中国珠算协会在吉林省延边朝鲜族自治州和吉林市举行首次中日少年珠算科技夏令营活动，从此开始了中日两国间珠心算（日本称暗算）技术的双向交流；1992 年我国选手在美国东、西海岸进行了首次珠心算表演。2003年12月,在我国香港特别行政区召开的世界珠算心算联合会一届二次常务理事会议上,将每年8月8日定为"世界珠算日(节)",此后,为纪念世界珠算日和向世界传播珠算文化,每两年举办一届世界珠心算比赛。

珠算是中华民族优秀传统文化的组成部分,要传承和发展珠算,既不能盲目自大,也不能故步自封,而应以我为主,古为今用,为我所用,取长补短、择善而从,同时与国外珠算、珠心算新的成果相交流,积极参与世界优秀文化的对话交流,不断丰富和发展珠算、珠心算学科的内涵。

◇自我检测

谈谈跨文化交际的珠算文化与技能。

任务1.3 算盘的结构、种类及特点

算盘是按照一定规格构成的算珠系统,是我国古代劳动人民创造的一种计算工具,具有悠久的历史。随着经济的发展和科学技术的进步,算盘及其结构不断得以改进和完善,算盘的优势也逐渐得到发挥。现就算盘的结构、种类及特点分述如下:

◇学习目标

了解算盘的结构和种类;
学会正确记数与看数的方法。

活动1.3.1 认识算盘的结构与种类

◇基本技能

一、算盘的结构

算盘呈长方形,由边(框)、梁、档、珠四个基本部分组成。改进后的算盘又增加了清盘器、计位点和垫脚装置(见图1-5)。

边、梁、珠多为木质,档用细竹(或细金属条)制作。目前也有用塑料、牛角、金属等材料制作的算盘。

边(框):是算盘四周的框架,用以固定算盘的梁、档、珠各部分,它决定了算盘的大小及形状。

梁:是连接左右两边的一条横木,将盘面分为梁

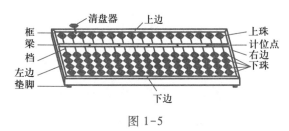

图 1-5

上、梁下两部分。

档:是连接上下两边穿过横梁的细柱,用来穿连算珠并表示数位。

珠:又称算珠或算盘子。梁上部分的珠叫上珠,梁下部分的珠叫下珠。靠梁的算珠叫内珠,靠框的算珠叫外珠。七珠算盘最上面的一颗算珠叫顶珠,最下面的一颗算珠叫底珠。

清盘器:是安装在横梁下面,用以使算珠离梁靠框的装置,其操作按钮装在算盘上边的左端。为方便传票算等计算,有的算盘又在算盘上边的右端装上了操作按钮,主要用于提高清盘的速度。

垫脚:装在算盘左右两边底面,共三个,其作用有两个:一是三点决定一个平面,起稳定算盘的作用;二是使算盘底面离开桌面,便于推(拉)算盘下面的计算资料,并防止算珠被带动。

计位点:是在梁上作出的计位标记,每隔三档一点,每点在两档之间,主要作用是便于计数与看数。

二、算盘的种类

各国算具

我国目前使用的算盘大致分三类:

(一)圆形七珠大算盘

这是我国的传统算盘,其特征是:算盘体形大,算珠呈扁圆形,上二下五,分为9~15档等几种(见图1-6)。其缺点是:

(1)盘大体重,放在桌面上占用面积大,不便移动,也不便携带。

(2)档距离,档位大,只能做较少位数的运算,也不便于储存数字与核对数字。

(3)算珠大,珠距远,拨动幅度大,费时费力,噪声大。

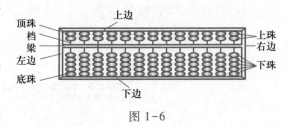

图 1-6

(二)菱珠中型算盘

这种算盘是在圆形七珠大算盘的基础上改进而来的。算珠上一下四,比圆形七珠大算盘缩短了档距和珠距,增加了档位,并设有清盘装置及垫脚,是我国目前使用最广泛的一种算盘(见图1-5)。

(三)菱珠小算盘

这是一种算珠上一下四,条形菱珠小算盘(见图1-7)。这种算盘起先流行于我国东北地区,现已被广大珠算工作者所重视,很多地方正在推广使用,特别是在幼儿、少儿教育中更显示其独特的优越性。其优点是:

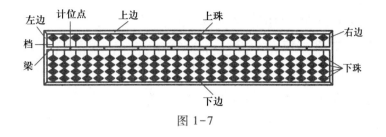

图 1-7

（1）盘小体轻，放在桌面上占用面积小，便于移动，也便于携带。

（2）档距小，档位多，可以作较多位数的运算，也便于储存数字和核对数字。

（3）算珠小，珠距近，拨动幅度小，省力省时，噪声小。

（4）梁上标有记位点，它与数字的分节号、小数点相对应，便于记数与定位。

（5）节省原材料，造价低，还可以用作直尺画线。

◇自我检测

为便于珠算的教学和应用，经常需要运用一些专用术语，看看下面的珠算常用术语你都了解其含义吗？

算珠：具有一定的赋值（由于空间位置不同，而可以有不同赋值）、用以表示数和进行计算的珠子。

算盘：由框、梁、档、珠按某种规格结构组成的计算工具。

空盘：算珠全部离梁，表示没有计数。

清盘：将算珠离梁靠上、下框，形成空盘的过程。

梁珠：靠梁的算珠，也称内珠、实珠，表示正数。

框珠：靠框的算珠，也称外珠、虚珠，表示负数。

二元示数：是指算珠靠梁为加、离梁为减，即梁珠和框珠分别表示的数。

带珠：拨珠时，把本档或邻档不该拨入或拨去的算珠带入或带出。

漂珠：拨珠时，用力过轻不到位或过重反弹造成不靠框也不靠梁、漂浮在档中间的算珠。

空档：没有算珠靠梁的档称为空档。在表示数值的档次中，空档表示的数是 0。

本档：运算时应该拨珠的档，也称本位。

前档：本档左边一档，也称前位。

后档：本档右边一档，也称下位。

压尾档：在省略计算中的最后一档的数位。

错档：算珠未拨入应拨入的本档中。

挨位：本档的左边第一档或右边第一档。

隔位：本档的左边第二档或右边第二档。

五升制：五升制是指满五时，用同位的一颗上珠。

13

十进制：十进制是指满十时，向前档进位。

进位：本档满十向前档进一位。

退位：本档不够减时，前一档退位，也称借位。

首位：一个数的最高位非零数字，也称首位数、首数。

尾数：一个数的最低位数字，可以为零。

记位点：是指四位以上的整数，从后往前数每隔三位加一个分节号"，"，也称分节点。如16875，写成 16,875。

补数：两数之和是 10 的正整数次幂（如 10、100、1000 等），则这两个数互为补数。某数是几位数，它的补数也是几位数。若补数的有效数字前面有空位，用"0"补齐。互为补数的各对应位，末位相加为 10，其余各位相加为 9。

凑数：两数之和为 5，则这两个数互为凑数。

实数：指被乘数和被除数。

法数：指乘数和除数。

估商：在除法中，运用口诀或心算法估量、推断，求算商数的过程，也叫试商。

确商：运算后所得出的准确商数。

调商：因估商不准，而进行的退商或补商调整。

退商：在除法中，因估商过大，而必须将商缩小。

补商：在除法中，因估商过小，而必须将商增大。

初商：只经估商，未被确定为确商的商数。

首商：除法运算求出的第一个商数。

依此类推，除法运算中求出的第二个商数叫作次商，以下叫作三商、四商……整个商数叫作"所求商"。

活动 1.3.2 记数与看数

◇基本技能

一、记数

算盘以算珠表示数码，上珠一颗当五，下珠一颗当一。以档表示数位，计算中各档的数位不同，高位在左，低位在右，相邻档位相差 10 倍。选定个位档以后，向左分别为十位档、百位档、千位档……向右分别为十分位、百分位、千分位。做加减运算时，选定档位不得变化。乘除运算，由于运算结果会使原档位发生变化，另有定位规定，我们将结合乘除运算加以说明。

14

将数码拨入空盘,使算珠靠梁叫"置数"。多位数的置数,宜采用分节置数法。进行加减运算时,数中的分节标志(分节号、小数点),要与算盘横梁上的记位点相对应。

二、看数

将数码置数于空盘,或将算盘上的运算结果——盘示数记录下来,都需要看数。

看数是珠算运算的关键环节,它直接影响运算的准、快程度。尤其是加减运算,看数技巧更为重要。看数时应掌握以下几点技巧:

(一)分节看数

要练习一眼能看几位数字。开始时,对于多位数一般要分节看数,以分节号和小数点为标志,将多位数分成若干节,边看数边拨珠,使眼、脑、手密切配合,快速而准确地完成运算过程。

(二)移表看数

将计算表册放在算盘底下,右手拨珠,左手推(拉)计算表册,边看边打,边打边推(拉),始终使算题与算盘保持最近距离。为方便看数,计算表册可以上下、左右移动,故称"移表看数法"。它的优点是使算题与算盘距离最近,视线集中,头部稳定,从而加快了看数、拨珠的速度,提高了准确性。

(三)看算不出声

看数与拨珠要防止口中读出声音,应练成"看数反应快、记数牢而准"的基本功。

(四)盯盘写数

眼看盘面算珠,从左到右,按照算盘上的记位点分节,边看边写。在写数的同时,就点上分节号、小数点,并一次写完。切不可写完数字后再点分节号和小数点,以免出错而效率低。

◇自我检测

练习记数与看数。

任务 1.4　珠算拨珠法

◇学习目标

练习珠算拨珠正确的坐姿、清盘及握笔方法;

掌握正确的拨珠指法。

打算盘不仅要有正确的拨珠指法,还要有正确的坐姿、清盘及握笔方法,现分述如下。

活动 1.4.1 坐姿、清盘及握笔方法

◇基本技能

一、坐姿

打算盘时,应面桌而坐,身要正,腰要直,足放平,头稍低,眼睛距算盘约 35 厘米远为宜。肘部摆动幅度不宜过大,腕和肘微离桌面,肘关节的弯曲度一般应保持在 90°左右,便于手指运算时左右移动。手指与算盘距离以 0.5 厘米左右为宜,过低容易带珠,过高影响工作效率。

算盘平放在桌面身前正中,离桌边 10~15 厘米处。计算资料摆放位置根据使用的算盘而定:用大算盘运算,计算资料放在算盘左方偏上位置;用小算盘运算,计算资料放在算盘底下,边计算边推(拉),始终使算题与算盘保持适当距离,从而避免漏算、重算或错算数字,并能加快计算速度,保证计算质量。

二、清盘

在每次置数运算之前,要使算盘上的所有算珠都离梁靠框,使全盘成为空盘,这个过程叫清盘。

清盘的方法根据所使用的算盘而定。有清盘器的算盘,可利用清盘器清盘;无清盘器的算盘,可用右手拇指和食指合并捏成钳型,沿算盘横梁上、下两侧(拇指在梁下,食指在梁上),从右向左迅速移动,依靠手指对算珠的推弹力,使算珠离梁靠框,但应注意两指用力要均匀适当,做到指过盘清。

三、握笔

运算时,应握笔拨珠,这样可以省去拿笔放笔时间,有利于提高计算效率。

(一)大、中型算盘的握笔法

将笔横握于右手掌心,用无名指和小指夹住笔杆,笔尖在外,笔杆的上端伸出虎口(见图 1-8),或用无名指和小指握笔(见图 1-9)。

（二）小型算盘的握笔方法

将笔横握在右手拇指和食指之间,笔尖露在食指与中指之外,笔杆上端伸出虎口(见图1-10)。

图1-8   图1-9   图1-10

◇自我检测

练习坐姿与握笔方法。

活动 1.4.2 拨 珠 指 法

◇基本技能

一、三指拨珠法(适用于大、中型算盘)

三指拨珠法是用右手的拇指、食指、中指三个手指拨珠,无名指和小指屈向掌心(见图1-11)。手指拨珠的一般要求:指稍倾斜,指尖触珠,用力适当;不要用指甲或指腹拨珠。

（一）单指拨珠

为了迅速而准确地拨珠,拇指、食指和中指应有一定分工。

（1）拇指主要管下珠靠梁(见图1-12)。

（2）食指专管下珠离梁(见图1-13)。

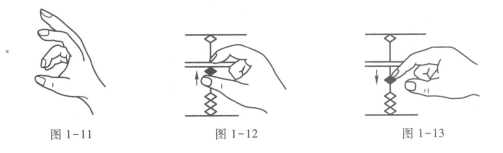

图1-11   图1-12   图1-13

（3）中指专管上珠靠梁（见图1-14）与离梁（见图1-15）。

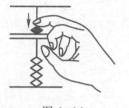
图1-14

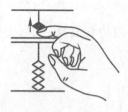
图1-15

　　为了减少拨珠次数，提高拨珠速度，在熟练单指拨珠的同时，还应进一步学习两指联拨和三指联拨。

（二）两指联拨

1. 拇指和中指联拨

（1）齐合（上、下珠同时靠梁）。

同档齐合（同档上、下珠同时靠梁）：即在拇指拨下珠靠梁的同时，用中指拨同档上珠靠梁，如0+6、0+7、0+8、0+9等（见图1-16）。

邻档齐合（左档下珠靠梁，右档上珠同时靠梁）：即在拇指拨左档下珠靠梁的同时，用中指拨右档上珠靠梁，如0+15、0+25、0+35、0+45等（见图1-17）。

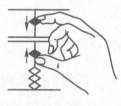
图1-16

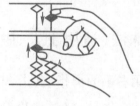
图1-17

（2）齐分（上、下珠同时离梁）。

同档齐分（同档上珠离梁，部分下珠同时离梁）：即在中指拨上珠离梁的同时，用拇指拨同档部分下珠离梁，如7-6、88-67、999-678等（见图1-18）。

邻档齐分（左档部分下珠离梁，右档上珠同时离梁）：即在拇指左档部分下珠离梁的同时，用中指拨右档上珠离梁，如25-15、35-15、45-15、45-25、45-35等（见图1-19）。

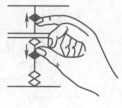
图1-18

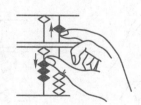
图1-19

18

（3）齐上（上、下珠同时上拨）。

同档齐上（同档上珠离梁，同时下珠靠梁）：即在中指拨上珠离梁的同时，用拇指拨同档下珠靠梁，如 5555-1234、666-432、77-43、8-4 等（见图 1-20）。

邻档齐上（左档下珠靠梁，右档上珠同时离梁）：即在拇指拨左档下珠靠梁的同时，用中指拨右档上珠离梁，如 5+5、5+15、5+25、5+35 等（见图 1-21）。

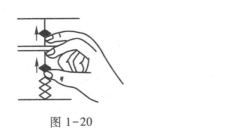

图 1-20　　　　　　　　　　图 1-21

（4）齐下（上珠靠梁，部分下珠同时离梁）。

同档齐下（同档上珠靠梁，部分下珠同时离梁）：即在中指拨上珠靠梁的同时，用拇指拨同档部分下珠离梁，如 2+4、33+43、444+432 等（见图 1-22）。

邻档齐下（左档同档部分下珠离梁，右档上珠同时靠梁）：即在拇指拨左档部分下珠离梁的同时，用中指拨右档上珠靠梁，如 20-5、30-15、40-15、40-25 等（见图 1-23）。

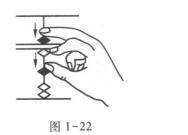

图 1-22　　　　　　　　　　图 1-23

2. 食指和中指联拨

（1）齐分（上珠与全部下珠同时离梁）。

同档齐分（同档上珠与全部下珠同时离梁）：即在食指拨全部下珠离梁的同时，用中指拨同档上珠离梁，如 9-9、8-8、7-7、6-6 等（见图 1-24）。

邻档齐分（左档全部下珠与右档上珠同时离梁）：即在食指拨左档全部下珠离梁的同时，用中指拨右档上珠离梁，如 15-15、25-25、35-35、45-45 等（见图 1-25）。

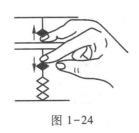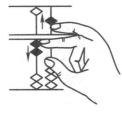

图 1-24　　　　　　　　　　图 1-25

（2）齐下（上珠靠梁,全部下珠同时离梁）。

同档齐下（同档上珠靠梁,全部下珠同时离梁）:即在中指拨上珠靠梁的同时,用食指拨同档全部下珠离梁,如1,234+4,321等（见图1-26）。

邻档齐下（左档全部下珠离梁,右档上珠同时靠梁）:即在食指拨左档全部下珠离梁的同时,用中指拨右档上珠靠梁,如10-5、20-15、30-25、40-35等（见图1-27）。

图1-26

图1-27

3. 拇指和食指联拨

（1）扭进（左档下珠靠梁,右档下珠同时离梁）:即在拇指拨左档下珠靠梁的同时,用食指拨右档下珠离梁,如4+6、3+7、2+8、1+9等（见图1-28）。

（2）扭退（左档下珠离梁,右档下珠同时靠梁）:即在食指拨左档下珠离梁的同时,用拇指拨右档下珠靠梁,如10-6、10-7、10-8、10-9等（见图1-29）。

图1-28

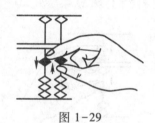
图1-29

（三）三指联拨

三指联拨难度最大,协调性最强,要求用拇指、食指、中指同时拨珠,共同完成比较复杂的拨珠动作。

（1）三指进位（左档下珠靠梁,右档上下珠同时离梁）:即在拇指拨左档下珠靠梁的同时,用中指、食指拨右档上下珠离梁（齐分）,如9+1、8+2、7+3、6+4等（见图1-30）。

（2）三指退位（左档下珠离梁,右档上下珠同时靠梁）:即在食指拨左档下珠离梁的同时,用中指、拇指拨右档上下珠靠梁（齐合）,如10-1、10-2、10-3、10-4等（见图1-31）。

图1-30

图1-31

二、两指拨珠法(适用于小算盘)

两指拨珠法是用拇指与食指拨珠,其余三指屈向掌心。

(一)手指分工

(1)拇指:拨下珠靠梁(见图1-32),兼拨部分下珠离梁(见图1-33)。

图1-32　　　　　　　　　　　图1-33

(2)食指:拨下珠离梁(见图1-34)和上珠靠梁(见图1-35)、离梁(见图1-36)。

图1-34　　　　　　　图1-35　　　　　　　图1-36

(二)两指联拨

1. 齐合(上下珠同时靠梁)

同档齐合:即在拇指拨下珠靠梁的同时,用食指拨同档上珠靠梁,如0+6、0+7、0+8、0+9等(见图1-37)。

邻档齐合:即在拇指拨左档下珠靠梁的同时,用食指拨右档上珠靠梁,如空盘拨入15、25、35、45等(见图1-38)。

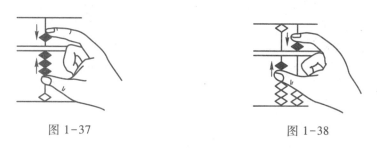

图1-37　　　　　　　　　　图1-38

2. 齐分(上下珠同时离梁)

同档齐分:即在拇指拨下珠离梁的同时,用食指拨同档上珠离梁,如9,876-9,876、9,999-

9,876 等(见图1-39)。

邻档齐分:即在拇指拨左档下珠离梁的同时,用食指拨右档上珠离梁,如15-15、35-35、45-25、45-45 等(见图1-40)。

图1-39   图1-40

3. 齐上(下珠靠梁,同时上珠离梁)

同档齐上:即在拇指拨下珠靠梁的同时,用食指拨同档上珠离梁,如5,555-1,234、666-234、77-34、8-4 等(见图1-41)。

邻档齐上:即在拇指拨左档下珠靠梁的同时,用食指拨右档上珠离梁,如5+5、5+15、5+25、5+35 等(见图1-42)。

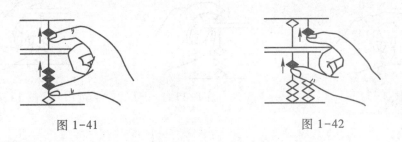

图1-41   图1-42

4. 齐下(上珠靠梁,同时下珠离梁)

同档齐下:即在食指拨上珠靠梁的同时,用拇指拨同档下珠离梁,如4+1、4+2、4+3、4+4 等(见图1-43)。

邻档齐下:即在拇指拨左档下珠离梁的同时,用食指拨右档上珠靠梁,如10-5、20-15、30-25、40-5、40-35 等(见图1-44)。

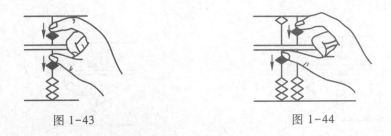

图1-43   图1-44

5. 扭进法(左档下珠靠梁,右档下珠同时离梁)

扭进法是在拇指拨左档下珠靠梁的同时,用食指拨右档下珠离梁,如1+9、2+8、3+7、4+6 等(见图1-45)。

22

6. 扭退法（左档下珠离梁,右档下珠同时靠梁）

扭退法是在食指拨左档下珠离梁的同时,用拇指拨右档下珠靠梁,如 10-9、10-8、10-7、10-6 等(见图 1-46)。

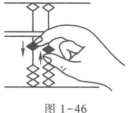

图 1-45   图 1-46

三、双手拨珠法

为了进一步加快珠算拨珠速度,提高计算效率,在熟练掌握三指拨珠法或两指拨珠法的基础上,可以运用双手拨珠法,即以右手拨珠为主,左手协助右手同时完成某一拨珠动作。

采用双手拨珠法,左手的辅助拨珠动作主要有以下几种情况:

(一)左手协助进位

左手协助进位是指右手在右档完成某一拨珠动作的同时,左手在左档完成进位动作,主要适用于加法和乘法加积。

1. 左手单指拨珠

如 3+9,右手食指在右档上拨一颗下珠离梁,同时左手拇指在左档上拨一颗下珠靠梁(见图 1-47)。再如 8+4,右手在右档上用中指、拇指分别拨上、下珠离梁(齐分),同时左手在左档上用拇指拨一颗下珠靠梁(见图 1-48)。

图 1-47   图 1-48

2. 左手两指联拨

如 46+4,右手在右档上用中指、食指分别拨上、下珠离梁(齐分),同时左手在左档上用中指拨一颗上珠靠梁,用食指拨四颗下珠离梁(齐下)(见图 1-49)。再如 45+7,右手在右档上用中指拨一颗上珠离梁,用拇指拨两颗下珠靠梁(齐上),同时左手在左档上用中指拨一颗上珠靠梁,用食指拨四颗下珠离梁(齐下)(见图 1-50)。

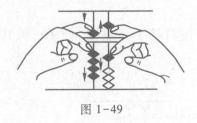

图 1-49

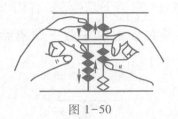

图 1-50

（二）左手协助退位

左手协助退位是指右手在右档完成某一拨珠动作的同时，左手在左档完成退位动作，主要适用于减法和除法减积。

1. 左手单指拨珠

如 30-8，左手食指在左档上拨一颗下珠离梁，同时右手拇指在右档上拨两颗下珠靠梁（见图 1-51）。再如 30-4，左手食指在左档上拨一颗下珠离梁的同时，右手拇指、中指在右档上分别拨一颗上、下珠靠梁（齐合）（见图 1-52）。

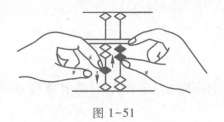

图 1-51

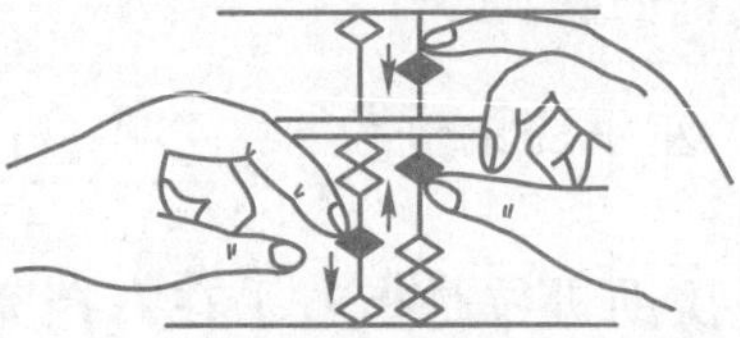

图 1-52

2. 左手两指联拨

如 50-6，左手在左档上用中指拨上珠离梁、拇指拨四颗下珠靠梁（齐上），同时右手在右档上用拇指拨四颗下珠靠梁（图 1-53）。再如 53-6，左手在左档上用中指拨一颗上珠离梁、拇指拨四颗下珠靠梁（齐上），同时右手在右档上用中指拨一颗上珠靠梁、用拇指拨一颗下珠离梁（齐下）（见图 1-54）。

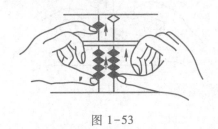

图 1-53

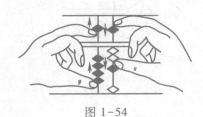

图 1-54

（三）其他运算的双手拨珠

在乘法运算中，左手拨因数，右手加积；在除法运算中，左手置商，右手减积；在开方运算中，左手加根，右手减幂等。

应当指出,上述三指拨珠法适用于大、中型算盘,如使用小算盘,左右两手可采用两指拨珠法。

两指拨珠法中,左右两手的具体分工是:左手,可用拇指与无名指、小指握算盘左段,用食指(拨下珠靠梁或离梁)、中指(拨上珠靠梁或离梁)拨珠;右手,如前所述,可用拇指(拨下珠靠梁或离梁)、食指(拨上珠靠梁、离梁或拨下珠离梁)拨珠(参看前面图示)。

珠算拨珠法易学难精,但只要反复练习,灵活掌握,便能准确、快速、高效地完成各项计算拨珠动作。

◇ 自我检测

运用不同的拨珠指法进行练习,并填写表1-1。

表1-1　拨珠练习记录表

拨珠指法			练习次数
三指拨珠法 (适用于大、中型算盘)	单指拨珠		
	两指联拨	拇指和中指联拨	
		食指和中指联拨	
		拇指和食指联拨	
	三指联拨	三指进位	
		三指退位	
两指拨珠法(适用于小算盘)	两指联拨		
双手拨珠法			

任务 1.5　数字的书写

◇学习目标

了解数字书写的规定;
掌握正确的数字书写方法与订正法。

计算离不开数字,数字是计算的前提。数字的书写是财务工作者的一项基本功。财务工作常用的数字有两种:一种是阿拉伯数字,另一种是中文大写数字。通常把用阿拉伯数字表示的金额数字简称为"小写金额",用中文大写数字表示的金额数字简称为"大写金额"。阿拉伯数字与中文大写数字有不同的规范要求,会计数字的书写应规范化。

活动 1.5.1　阿拉伯数字的书写

◇基本技能

阿拉伯数字是世界各国的通用数字,有 0、1、2、3、4、5、6、7、8、9 十个数字。

一、阿拉伯数字书写的有关规定

(一)数字与数位相结合

阿拉伯数字书写时,每一个数字都要占据一个位置,每一个位置分别表示不同的单位。数字所在的位置表示的单位称为"数位"。数位按照个、十、百、千、万、十万、百万、千万、万万的顺序,由小到大、从右向左排列,但写数和读数的习惯顺序却是由大到小、从左向右的。我国的数位排列如表 1-2 所示。

表 1-2　我国的数位排列

数位	万万万位	千万万位	百万万位	十万万位	万万位	千万位	百万位	十万位	万位	千位	百位	十位	个位	十分位	百分位	千分位	万分位	十万分位	百万分位
读法	兆	千亿	百亿	十亿	亿	千万	百万	十万	万	千	百	十	个	分	厘	毫	兰	忽	微

书写阿拉伯数字时,应将数字与位数结合在一起书写。书写顺序是由高位到低位,从左到右依次写出各位数字。

例如:玖佰陆拾捌,应写为 968。

如果某一个数位没有量,就写一个"0"来表示;如果是整数,则比它小的数位均用"0"表示出来。

例如:壹仟捌佰零叁,应写为 1,803;捌拾万,应写为 800,000。

(二)采用三位分节制

书写阿拉伯数字时采用分节制,能够较容易地辨认数的数位,有利于数字的书写、阅读和计算工作。

四位和四位以上的整数部分,可采用国际通行的"三位分节制",从个位向左,每三位数作

为一节,节与节之间用分节号","分开,也可以用空位(节与节之间空一个字符的位置)分开。例如:

千 百 十

万 万 万 万 千 百 十 个

位 位 位 位 位 位 位 位

１ ９,８ ９ １,２ ２ ５（用分节号）

１ ９ ８ ９ １ ２ ２ ５（用空位）

标准写法为:19,891,225

19 891 225

带小数的数字,应将小数点写在个位与十分位之间的下方。例如:

十 百

万 千 百 十 个 分 分

位 位 位 位 位 位 位

６ ３,０ ５ ２.４ ８（用分节号）

６ ３ ０ ５ ２.４ ８（用空位）

标准写法为:63,052.48

63 052.48

我国会计工作中通常采用"."分节的办法。

一般账表凭证的金额栏内印有分位格,元位前每三位之间印有一粗线代表分节号,元位与角位之间的粗红线则代表小数点,所以记数时不需要再另加分节号或小数点。

(三)关于人民币符号"￥"的使用

在填制凭证时,小写金额前应冠写人民币符号"￥"。"￥"是人民币基本单位"元"的汉语拼音"YUAN"的缩写,"￥"既代表了人民币币制,又表示了人民币"元"的单位。所以小写金额前填写了"￥"以后,金额数字之后就不必再写人民币单位"元"了。

例如￥6,303.11,即为人民币陆仟叁佰零叁元壹角壹分。

书写小写金额数字时,在人民币符号"￥"与数字之间不得留有空位,以防金额数字被人涂改。

书写人民币符号"￥",尤其是草写"￥"时,要注意"￥"应与阿拉伯数字有明显的区别,特别应注意不要与阿拉伯数字的7或9混淆。

人民币符号"￥"主要应用于填写票证(发票、支票、存单等),在登记账簿、编制报表时,一般不能使用"￥"符号。因为账簿、报表是根据一定资料记录、编制的,不存在金额数字被涂改而造成损失的情况。在账簿或报表上如果使用"￥"符号,反而会增加错误的可能性。

（四）关于金额角、分的写法

所有以元为单位的阿拉伯金额数字,除表示单价等情况外,一律写到角分。

（1）到元为止无角分的金额数字,角位和分位可写"00"或用符号"—"表示。如人民币玖拾陆元整,应写成"￥96.00",也可写成"￥96.—"。

（2）有角无分的金额数字,分位应写"0",而不能用符号"—"代替。如人民币壹佰叁拾捌元伍角整,应写成"￥138.50",而不能写成"￥138.5—"。

二、账表凭证上阿拉伯数字的书写要求

在有金额分位格的账表凭证上,阿拉伯数字的书写,结合记账规则的需要,有特定的书写要求。

（一）规范化写法实例

阿拉伯数字的规范写法（手写体）为:

（二）书写要求

（1）书写数字时应自上而下,先左后右,字字清晰,不能连笔。

（2）账表凭证上书写的阿拉伯数字应使用斜体,斜度大约以 60°为准。

（3）数字高度约占账格的 1/2,并应贴账格下限书写,这样既美观又便于改错。

（4）除"7"和"9"上低下半格的 1/4,下伸次行上半格的 1/4 处外,其他数字都要靠在底线上书写。

（5）"0"既不要写得太小（以防将 0 改为 6、8、9）,又不要有缺口（以防将 0 改为 3）。

（6）"1"的下端应紧靠分位格的左下角。

（7）"4"的顶部不封口,并注意中竖是最关键的一笔,斜度应为 60°,否则"4"就写成正体了。

（8）"6"的上半部分应斜伸出上半格的 1/4 高度。

（9）写"8"时,上边要稍小,下边应稍大,注意起笔应成斜"S"形,终笔与起笔交接处应成棱角,以防将 3 改为 8。

（10）从最高位起,后面各分位格数字必须写完整。如壹万柒仟玖佰元整,应写成:

亿	千	百	十	万	千	百	十	元	角	分
				1	7	9	0	0	0	0

而不能写成：

亿	千	百	十	万	千	百	十	元	角	分
				1	7	9	0		0	

更不能写成：

亿	千	百	十	万	千	百	十	元	角	分
				1	7	9				

三、阿拉伯数字的错误订正

阿拉伯数字写错需要更正时,不论写错的数字是一个还是多个,应采用划线更正法进行更正,即把全部数字用一道红线划销,并在红线左端加盖经手人印章,以明确责任,然后再把正确的数字写在错误数字的上面。改错时不能只改一半,也不能在原数上涂改,以免混淆不清。不得任意用刀刮、用橡皮擦、涂改、挖补,更不得用涂改液等药水销蚀,以保证数字的真实性和明确经济责任。阿拉伯数字错误更正方法示例如表 1-3~表 1-5 所示。

表 1-3　阿拉伯数字的错误订正

亿	仟	百	十	万	千	百	十	元	角	分
						9	6	3	0	5
					经手人	9	3	6	0	5	负责人

表 1-4　不正确的订正方式

百	十	万	千	百	十	元	角	分
						2	0	8
						2	0	8	0
		7	9	7	9	0	0	
				5	2	6	9	7
				5	2	9	6	

表 1-5　正确的订正方式

百	十	万	千	百	十	元	角	分
						2	0	8
				经手人	2	0	8	0	负责人
						7	9	0
	经手人	7	9	0	0	0	0	负责人
				5	2	6	9	7
	经手人	5	2	9	6	7	负责人

◇ 自我检测

用阿拉伯数字的规范写法进行练习：

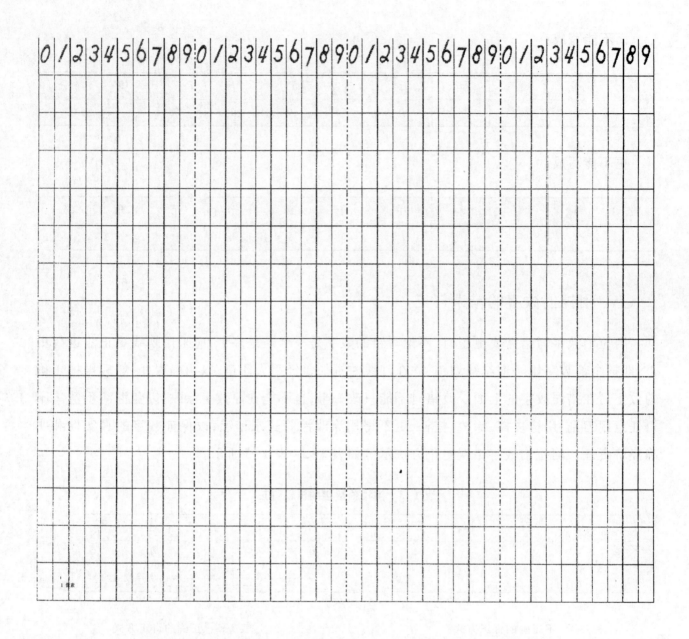

活动 1.5.2 中文数字的书写

◇基本技能

一、中文大写数字书写的有关规定

（一）用正楷字体或行书字体书写

中文大写金额数字，主要用于发票、支票、汇票、存单等各种重要凭证的书写，为了易于辨认、防止涂改，应一律使用正楷字体或行书字体书写。如壹（壹）、贰（贰）、叁（叁）、肆（肆）、伍

30

（伍）、陆（陆）、柒（柒）、捌（捌）、玖（玖）、拾（拾）、佰（佰）、仟（仟）、万（万）、亿（亿）、圆（元）、角（角）、分（分）、零（零）、整（正）等字样。不得用中文小写一、二、三、四、五、六、七、八、九、十或廿、两、毛、另（或 0）等字样代替，也不得任意自造简化字。

（二）"人民币"与数字之间不得留有空位

有固定格式的重要凭证，大写金额栏一般都印有"人民币"字样，书写时，金额数字应紧接在"人民币"后面，在"人民币"与大写金额数字之间不得留有空位。大写金额栏没有印"人民币"字样的，应在大写金额数字前填写"人民币"三字。

（三）"整（正）"字的用法

中文大写金额数字到"元"或"角"为止的，应在"元"或"角"后面写上"整"字；大写金额数字到"分"的，"分"字后面不写"整"字。"整"字笔画较多，在书写时常常将"整"字写成"正"字。在中文大写金额数字的书写方面，这两个字的作用是一样的。

（四）有关"零"的写法

一般在填写重要凭证时，为了增强金额数字的准确性和可靠性，需要同时书写小写金额和大写金额，且二者必须相符。当小写金额数字中有"0"时，大写金额应怎样书写，要看"0"所在的位置。

（1）对于小写金额数字尾部的"0"，不管有一个还是有连续几个，大写金额到非零数位后，用一个"整（正）"字结束，都不需用"零"来表示。如"￥8.20"，大写金额数字应写成"人民币捌元贰角整"；又如"￥400.00"，应写成"人民币肆佰元整"。

（2）对于小写金额数字中间有"0"的，大写金额数字应按照汉语语言规律、金额数字构成和防止涂改的要求进行书写。举例说明如下：

① 小写金额数字中间只有一个"0"的，大写金额数字要写"零"字。如"￥903.67"，大写金额数字应写成"人民币玖佰零叁元陆角柒分"。

② 小写金额数字中间连续有几个"0"时，大写金额数字可以只写一个"零"字。如"￥2,008.27"，大写金额数字应写成"人民币贰仟零捌元贰角柒分"。

③ 小写金额数字元位是"0"，或者数字中间连续有几个"0"，元位也是"0"但角位不是"0"时，大写金额数字中可以只写一个"零"，也可以不写"零"。如"￥380.20"，大写金额数字应写成"人民币叁佰捌拾元零贰角整"，或者写成"人民币叁佰捌拾元贰角整"。

④ 小写金额数字角位是"0"而分位不是"0"时，大写金额"元"字后必须写"零"字。如"￥973.06"，大写金额数字应写成"人民币玖佰柒拾叁元零陆分"。

（五）数位字前必须有数量字

大写金额"拾""佰""仟""万"等数位字前必须冠有数量字"壹""贰""叁"……"玖"等，不可省略。特别是壹拾几的"壹"字，由于人们习惯把"壹拾几""壹拾几万"说成"拾几""拾几万"，所以在书写大写金额数字时很容易将"壹"字漏掉。"拾"字仅代表数位，而不代表数量，前面不加"壹"字既不符合书写要求，又容易被改成"贰拾几""叁拾几"等。如"￥170,000.00"，大写金额数字应写成"人民币壹拾柒万元整"，而不能写成"人民币拾柒万元整"。如果书写不规范，"人民币"与金额数字之间留有空位，就很容易被改成"人民币叁（肆、伍……）拾柒万元整"等。

二、中文大写金额数字写法常见错误（见表1-6）

表1-6　中文大写金额数字正误写法对照表

小写金额	大写金额		
	正确写法	错误写法	错误原因
￥200.000	人民币贰佰元整	人民币贰佰元	少写了个"整"字
￥1,007.00	人民币壹仟零柒元整	人民币壹仟另柒元整	将"零"错写成"另"
￥18.08	人民币壹拾捌元零捌分	人民币拾捌元捌分	漏写"壹"和"零"字
￥7,410.60	人民币柒仟肆佰壹拾元陆角整	人民币柒仟肆佰壹拾元陆角零分	"整"错写为"零分"
￥7,410.60	人民币柒仟肆佰壹拾元陆角整	人民币柒仟肆佰壹拾元零陆角整	"零"字用法不对
￥7,410.60	人民币柒仟肆佰壹拾元陆角整	人民币　　柒仟肆佰壹拾元陆角整	"人民币"与第一个大写数字之间空位过大

三、中文大写金额数字的错误订正

中文大写金额数字通常是在填写发票、支票等重要凭证时使用，一旦书写有误，一般应另行填写新的凭证，写错的凭证随即注销作废，但不要随便丢弃，应当妥善保管。如因其他原因不能更换写错的凭证时，应采取划线更正法更正写错的中文大写数字，具体要求与阿拉伯数字划线更正法相同。

◇自我检测

检测提示　　根据中文大写数字书写的有关规定进行练习，填写表1-7。

表 1-7　大小写金额书写对照练习

会计凭证账表的小写金额栏								原始凭证上的大写金额栏
没有数位分割线	有数位分割线							
	万	千	百	十	元	角	分	
¥124.50								人民币:　　万　仟　佰　拾　元　角　分
¥7,856.43								人民币:　　万　仟　佰　拾　元　角　分
¥4,001.00								人民币:　　万　仟　佰　拾　元　角　分
¥15.62								人民币:　　万　仟　佰　拾　元　角　分
¥89,438.06								人民币:　　万　仟　佰　拾　元　角　分
¥12,006.80								人民币:　　万　仟　佰　拾　元　角　分
¥61.21								人民币:　　万　仟　佰　拾　元　角　分
		7	8	4	5	7	2	人民币:　　万　仟　佰　拾　元　角　分
				9	1	0	7	人民币:　　万　仟　佰　拾　元　角　分
	1	9	6	3	0	5	0	人民币:　　万　仟　佰　拾　元　角　分
					9	0	1	人民币:　　万　仟　佰　拾　元　角　分
		5	0	0	4	3	5	人民币:　　万　仟　佰　拾　元　角　分
	8	2	8	9	1	0	0	人民币:　　万　仟　佰　拾　元　角　分
						6	4	人民币:　　万　仟　佰　拾　元　角　分
				5	6	7	3	人民币:　　万　仟　佰　拾　元　角　分
					1	9	6	3	人民币:　　万　仟　佰　拾　元　角　分

单元 2
珠算加减法

珠算加减法是实际计算工作中用途最广的计算方法,珠算加法是一切珠算计算方法的基础,珠算减法是珠算加法的逆运算,珠算加减法集中了珠算的特点和基础知识。加减法用珠算较之笔算、计算机(器)运算更准确而迅速,最能显示珠算的优点。因此学习珠算必须首先学好加减法。

任务 2.1　基本加减法

◇学习目标

熟记珠算加减法口诀；

能依据凑数和补数的关系，利用心算指导拨珠进行加减法运算。

活动 2.1.1　传统口诀加减法

◇基本技能

1. 加法的运算顺序与规则

加法是指对两个或两个以上数值求和的一种计算方法。

加法的运算规则是：① 固定个位，在算盘中确定个位档；② 将被加数从高位到低位依次拨入算盘，且个位数与算盘中个位档对准；③ 对准数位，将加数从高位到低位，进行同位数相加，按照"五升十进制"规则计算出得数。

2. 减法的运算顺序与规则

减法是指一个数减去另一个或多个数求差的一种计算方法。

减法与加法互为逆运算，减法的运算规则是：① 固定个位，在算盘中确定个位档；② 将被减数从高位到低位依次拨入算盘，且个位数与算盘中个位档对准；③ 对准数位，将减数从高位到低位，进行同位数相减，计算出得数。

口诀加减法是根据加减法的计算特点总结出一套完整的口诀，并利用口诀指导拨珠完成加减法计算过程的一种方法。

我国传统的加减法口诀最早见于明代吴敬的《九章详注比类算法大全》一书，后人又根据珠算五升十进制的拨珠法则和实际运算规律做了多次改进，形成一套完整的运算口诀，一直流传到今天。

一、口诀表

加减法口诀见表 2-1。

表 2-1　珠算加减法口诀表

加数和减数	直接加和直接减		补五加和破五减		进位加和退位减		破五进位加和退位补五减	
	直接加	直接减	补五加	破五减	进位加	退位减	破五进位加	退位补五减
一	一上 1	一去 1	一下 5 去 4	一上 4 去 5	一去 9 进 1	一退 1 还 9		

加数和减数	直接加和直接减		补五加和破五减		进位加和退位减		破五进位加和退位补五减	
	直接加	直接减	补五加	破五减	进位加	退位减	破五进位加	退位补五减
二	二上2	二去2	二下5去3	二上3去5	二去8进1	二退1还8		
三	三上3	三去3	三下5去2	三上2去5	三去7进1	三退1还7		
四	四上4	四去4	四下5去1	四上1去5	四去6进1	四退1还6		
五	五上5	五去5			五去5进1	五退1还5		
六	六上6	六去6			六去4进1	六退1还4	六上1去5进1	六退1还5去1
七	七上7	七去7			七去3进1	七退1还3	七上2去5进1	七退1还5去2
八	八上8	八去8			八去2进1	八退1还2	八上3去5进1	八退1还5去3
九	九上9	九去9			九去1进1	九退1还1	九上4去5进1	九退1还5去4

二、口诀表分类说明

珠算加减法口诀分为四类,分别是"直接加和直接减""补五加和破五减""进位加和退位减""破五进位加和退位补五减"。

传统的口诀加减法共52句口诀。口诀表中,每句口诀的头一个字表示加数或减数,后面的字表示拨珠的动作和所拨算珠代表的数。口诀中的"上""下""去""进""退""还"几个字分别表示:

口诀中"上""下"等的含义

上:表示拨下珠靠梁;

下:表示拨上珠靠梁;

去:表示拨算珠离梁;

进:表示在左一档上加;

退:表示在左一档上减;

还:表示在右一档上加。

从表2-1中可以看出加减口诀的运算关系,如"补五加"中的"二下5去3"和"破五减"中的"二上3去5"相对应;满十"破五进位加"中的"七上2去5进1"与"退位补五减"中的"七退1还5去2"相对应等。

珠算加减法在运算时必须注意对准数位,可利用算盘横梁上的记位点来识别位数,被加(减)数与加(减)数相加(减),个位对个位,十位对十位,百位对百位等。珠算运算的顺序和笔算不同,笔算是从最低位开始计算,珠算是从最高位开始计算,从左到右,逐位相加或相减,最后求出和数或差数。

进行加减运算时,先在算盘上定好个位档(一般选定算盘右数第一个记位点之前的档为个位档),拨入被加(减)数,然后从左到右逐位将加(减)数拨加(减),直至运算到最后一位即可求出和(差)数。

加减运算以下四种类型的具体情况是:

(一)直接加和直接减

1. 直接加

例如,算盘上已经有数码 1,现要加 2,直接拨加两颗下珠就行,即"二上 2"成为 3。再如,算盘上已经有数码 2,现要加 7,直接拨加两颗下珠,一颗上珠就行,即"七上 7"成为 9。

【例 2-1】 135+254=389

① 在算盘上选定个位档,拨入被加数 135(见图 2-1)。

② 将加数对准位数(个位对个位,十位对十位……),从高位到低位各自对应相加。拨加 254 时,以加数百位的 2 对准被加数百位的 1,用口诀"二上 2"拨珠(见图 2-2)。

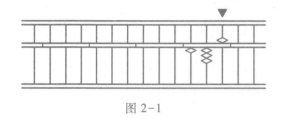 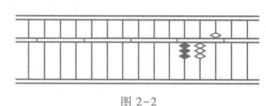

图 2-1   图 2-2

③ 以加数十位的 5 对准被加数十位的 3,用口诀"五上 5"拨珠(见图 2-3)。

④ 以加数个位的 4 对准被加数个位的 5,用口诀"四上 4"拨珠(见图 2-4)。盘面上得 389,即为和数。

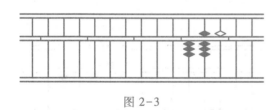 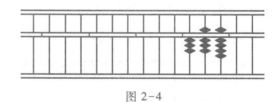

图 2-3   图 2-4

2. 直接减

例如,算盘上已经有数码 4,现要减去 2,直接拨去两颗下珠即可,即"二去 2",余下 2,不涉及五升十进位。再如,算盘上已经有数码 8,现要减去 6,直接拨去一颗下珠,一颗上珠即可,即"六去 6",余下 2。

【例 2-2】 984-753=231

① 在算盘上选定个位档,拨入被减数 984(见图 2-5)。

② 将减数对准位数(个位对个位,十位对十位……),从高位到低位各自对应相减,拨减 753 时,以减数百位的 7 对准被减数百位的 9,用口诀"七去 7"拨珠(见图 2-6)。

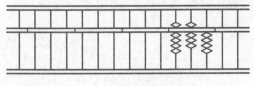

图 2-5

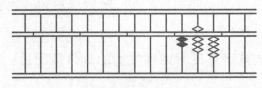

图 2-6

③ 以减数十位的 5 对准被减数十位的 8,用口诀"五去 5"拨珠（见图 2-7）。

④ 以减数个位的 3 对准被减数个位的 4,用口诀"三去 3"拨珠（见图 2-8）。盘面上得 231,即为差数。

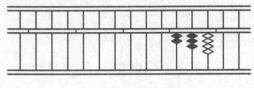

图 2-7

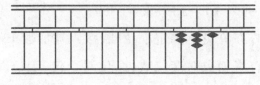

图 2-8

（二）补五加和破五减

1. 补五加

例如,算盘上已经有数码 3,现要加 3,这时两数相加已经满 5,而本档下珠不够用,就需要拨加一颗上珠,再去掉多余的两颗下珠,即"三下 5 去 2"。

【例 2-3】 4,424+1,234=5,658

① 在算盘上选定个位档,拨入被加数 4,424（见图 2-9）。

② 拨加 1,234 时,从千位档开始用口诀"一下 5 去 4,二下 5 去 3,三下 5 去 2,四下 5 去 1"逐位拨珠相加,得和数 5,658（见图 2-10）。

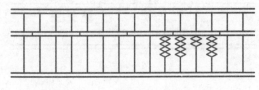

图 2-9

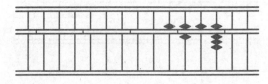

图 2-10

2. 破五减

例如,算盘上已经有数码 6,现要减去 3,这时下珠数不够减,必须拨去一颗上珠,并且相应地把破 5 后多减的数用下珠补上,即"三上 2 去 5"。

【例 2-4】 5,656-4,213=1,443

① 在算盘上选定个位档,拨入被减数 5,656（见图 2-11）。

② 拨减 4,213 时,从千位档开始用口诀"四上 1 去 5,二上 3 去 5,一上 4 去 5,三上 2 去 5"逐位拨珠相减,得差数 1,443（见图 2-12）。

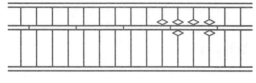

图 2-11

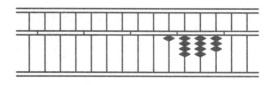

图 2-12

（三）进位加和退位减

1. 进位加

例如，算盘上已经有数码 8，现要加 3，这时本档上的上下珠都不够用，应向左档进 1，就要在本档上拨去多加的数（上珠一颗，下珠两颗），并在左一档拨加一颗下珠，即"三去 7 进 1"。

【例 2-5】 387+875＝1,262

① 在算盘上选定个位档，拨入被加数 387（见图 2-13）。

② 拨加 875 时，从百位档开始用口诀"八去 2 进 1，七去 3 进 1，五去 5 进 1"逐位拨珠相加，得和数 1,262（见图 2-14）。

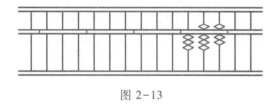

图 2-13

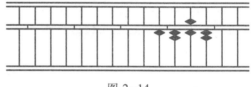

图 2-14

2. 退位减

例如，算盘上已经有数码 12，现要减 4，这时个位只有 2 不够减，必须从左一档借 1 去减，然后把多减的数 6 拨还在个位档上，即"四退 1 还 6"。

【例 2-6】 1,521-753＝768

① 在算盘上选定个位档，拨入被减数 1,521（见图 2-15）。

② 拨减 753 时，从百位档开始用口诀"七退 1 还 3，五退 1 还 5，三退 1 还 7"逐位拨珠相减，得差数 768（见图 2-16）。

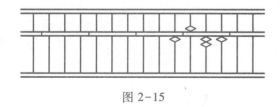

图 2-15

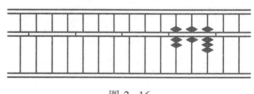

图 2-16

（四）破五进位加和退位补五减

1. 破五进位加

例如，算盘上已经有数码 5，当加 6、7、8、9 时，本档满十，要向左（前）一档进 1，减补数时又不能在本档下珠中直接减去,必须拨去上珠5,并在下珠加还多减的数。其拨珠规律见表2-2。

表2-2　破五进位加拨珠规律

加数	六	七	八	九
口诀(动作)	上1	上2	上3	上4
	去5	去5	去5	去5
	进1	进1	进1	进1

例如,5+7,被加数5拨入算盘后,就在本档拨加两颗下珠(上2),去掉一颗上珠(去5),同时在左一档拨加一颗下珠(进1),即"七上2去5进1"。

【例2-7】　5,655+7,689=13,344

① 在算盘上选定个位档,拨入被加数5,655(见图2-17)。

② 拨加7,689时,从千位档开始用口诀"七上2去5进1,六上1去5进1,八上3去五进1,九上4去5进1"逐位拨珠相加,得和数13,344(见图2-18)。

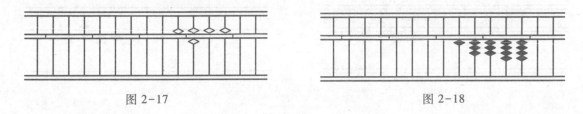

图2-17　　　　　　　　　　　　　　　　图2-18

2. 退位补五减

例如,算盘上已经有数码14,当减6、7、8、9时,个位档(本档)不够减,要向左(前)一档借1,加补数时又不能在本档下珠中直接加上,必须拨加上珠5,并在下珠减去多加的数。其拨珠规律见表2-3。

表2-3　退位补五减拨珠规律

减数	六	七	八	九
口诀(动作)	退1	退1	退1	退1
	还5	还5	还5	还5
	去1	去2	去3	去4

例如,13-6,被减数13拨入算盘后,就在左一档拨减一颗下珠(退1),同时在本档拨加一颗上珠(还5),去掉一颗下珠(去1),即"六退1还5去1"。

【例2-8】　14,334-8,769=5,565

① 在算盘上选定个位档,拨入被减数14,334(见图2-19)。

② 拨减8,769时,从千位档开始用口诀"八退1还5去3,七退1还5去2,六退1还5去1,

九退 1 还 5 去 4"逐位拨珠相减,得差数 5,565(见图 2-20)。

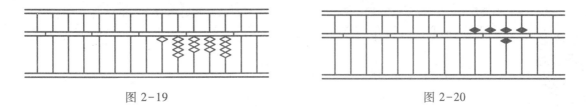

图 2-19   图 2-20

◇ 自我检测

用传统口诀加减法分别算出下列各题的正确答案:

1. 直接加减

(1) 215+254 =   (2) 2,350+649 =

(3) 32.54+6.35 =   (4) 1,629-513 =

(5) 9,043-8,042 =   (6) 623+123 =

2. 补五加和破五减

(1) 4,334+1,234 =   (2) 6,565-4,123 =

(3) 34,421+32,143 =   (4) 786-442 =

(5) 8,965-3,214 =   (6) 6,656-3,214 =

3. 进位加和退位减

(1) 873+587 =   (2) 1,532-854 =

(3) 3,719+8,529 =   (4) 21.03-5.69 =

4. 破五进位加和退位补五减

(1) 6,555+6,789 =   (2) 13,344-7,689 =

(3) 7,586+7,968 =   (4) 14,324-6,768 =

活动 2.1.2 无口诀加减法

◇ 基本技能

无口诀加减法是指不用传统口诀,而是根据 5 和 10 的分解与组成的原理,利用"凑数""补数"关系,运用一定的计算规律指导拨珠运算的一种方法。

凑数:如果两个数的和等于 5,那么这两个数互为凑数。互为凑数的两个数有 4 对,即 1 的凑数是 4,4 的凑数是 1,2 的凑数是 3,3 的凑数是 2。

补数:如果两个一位数的和等于 10,那么这两个数互为补数。如 1 与 9 的和是 10,1 的补数是9,9的补数是1。两个一位数的和是10的数有5对,即1与9、2与8、3与7、4与6、5与5。

直加
与凑五加

直减
与破五减

珠算加减法有以下三种:

一、直加与直减

(一) 直加

运算规则:"加看外珠,够加直加",即当进行加法计算时,应看被加数的外珠,如果外珠包含加数,则直接在外珠中拨加数靠梁。如5+3,5的外珠为4,4包含3(4>3),则直接在外珠中拨入三颗外珠靠梁,得和数为8。

【例2-9】 2,251+6,537=8,788

① 在算盘上选定个位档,拨入被加数2,251(见图2-21)。

② 拨加6,537时,千位(外珠7)加6,百位(外珠7)加5,十位(外珠4)加3,个位(外珠8)加7",得和数8,788(见图2-22)。

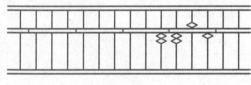
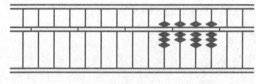

图2-21   图2-22

(二) 直减

运算规则:"减看内珠,够减直减",即当进行减法计算时,应看被减数的内珠,如果内珠包含减数,则直接在内珠中拨减数离梁。如9-2(9>2),则直接在内珠中拨去两颗内珠离梁,得差数为7。

【例2-10】 6,839-1,728=5,111

① 在算盘上选定个位档,拨入被减数6,839(见图2-23)。

② 拨减1,728时,千位(内珠6)减1,百位(内珠8)减7,十位(内珠3)减2,个位(内珠9)减8,得差数5,111(见图2-24)。

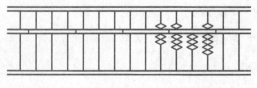
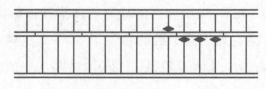

图2-23   图2-24

二、凑五加与破五减

（一）凑五加

运算规则："下珠不够,加五减凑",即在算盘上已有部分下珠,若再继续加 1~4 各数,而本档下珠不够用,就应拨上珠靠梁,并把多加的数(加数的凑数)从下珠中减去。其指法规律为齐下。

涉及凑五加有以下几种情况：

加 1＝加 5 减 4(4+1)；

加 2＝加 5 减 3(4+2、3+2)；

加 3＝加 5 减 2(4+3、3+3、2+3)；

加 4＝加 5 减 1(4+4、3+4、2+4、1+4)。

如 4+3,本档已有下珠 4,加 3 时就应拨下一颗上珠(5),并把多加的凑数 2 从下珠中减去(3 的凑数是 2)。

【例 2-11】 2,434+4,321＝6,755

① 在算盘上选定个位档,拨入被加数 2,434(见图 2-25)。

② 拨加 4,321 时,"下珠不够,加五减凑",千位加 5 减 1(4 的凑数是 1),百位加 5 减 2(3 的凑数是 2),十位加 5 减 3(2 的凑数是 3),个位加 5 减 4(1 的凑数是 4),得和数 6,755(见图 2-26)。

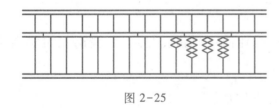

图 2-25   图 2-26

（二）破五减

运算规则："下珠不够,减五加凑",即从被减数中减 1~4 各数,而本档下珠不够用时,就应拨上珠离梁,并把多减的数(减数的凑数)加入下珠中。其指法规律为齐上。

涉及破五减有以下几种情况：

减 1＝减 5 加 4(5-1)；

减 2＝减 5 加 3(5-2、6-2)；

减 3＝减 5 加 2(5-3、6-3、7-3)；

减 4＝减 5 加 1(5-4、6-4、7-4、8-4)。

如 7-3，本档有下珠 2，不够直接减 3，就应拨去一颗上珠（减 5），并把多减的凑数 2 从下珠中加入（3 的凑数是 2）。

【例 2-12】 6,655-4,312=2,343

① 在算盘上选定个位档，拨入被减数 6,655（见图 2-27）。

② 拨减 4,312 时，"下珠不够，减五加凑"，千位减 5 加 1（4 的凑数是 1），百位减 5 加 2（3 的凑数是 2），十位减 5 加 4（1 的凑数是 4），个位减 5 加 3（2 的凑数是 3），得差数 2,343（见图 2-28）。

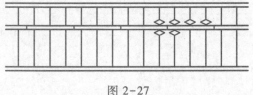

图 2-27   图 2-28

三、进位加与退位减

当两个数和为 10 时，这两数互为补数，如 1 与 9、2 与 8、3 与 7、4 与 6、5 与 5。在珠算的进位加和退位减运算中，可利用这种补数关系进行计算，并快速求出计算结果。

（一）进位加

运算规则："本档满十，加十减补"，即两数相加满十或超十时，就在前一档拨一颗下珠靠梁（加十），同时从本档减去加数的补数（减补）。

如 9+3，"本档满十，加十减补"，3 的补数是 7，就在前一档进 1（加十），同时从本档减去 7（减补）。

进位加包括口诀加减法中的"进位加"和"破五进位加"。

【例 2-13】 5,889+752=6,641（进位加法）

① 在算盘上选定个位档，拨入被加数 5,889（见图 2-29）。

② 拨加 752 时，"本档满十，加十减补"，百位加十（千位加 1）减 3（7 的补数是 3），十位加十（百位加 1）减 5（5 的补数是 5），个位加十减 8（2 的补数是 8），得和数 6,641（见图 2-30）。

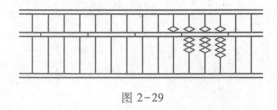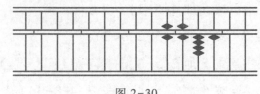

图 2-29   图 2-30

46

【例2-14】 655+679＝1,334(破五进位加法)

① 在算盘上选定个位档,拨入被加数655(见图2-31)。

② 拨加679时,"本档满十,加十减补",百位加十(千位加1)减4(6的补数是4),十位加十(百位加1)减3(7的补数是3),个位加十减1(9的补数是1),得和数1,334(见图2-32)。

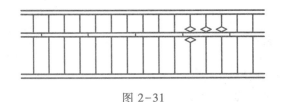
图 2-31

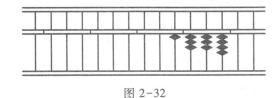
图 2-32

(二) 退位减

运算规则:"本档不够,减十加补",即本档不够减时,就在前一档拨一颗下珠离梁(减十),同时从本档加上减数的补数(加补)。

如15-8,个位(本档)不够减,减十加补,8的补数是2,就在前一档退1(减十),同时从本档加上2(加补)。

退位减包括口诀加减法中的"退位减"和"退位补五减"。

【例2-15】 2,015-638＝1,377(退位减法)

① 在算盘上选定个位档,拨入被减数2,015(见图2-33)。

② 拨减638时,"本档不够,减十加补",百位减十(千位减1)加4(6的补数是4),十位减十(百位减1)加7(3的补数是7),个位减十(十位减1)加2(8的补数是2),得差数1,377(见图2-34)。

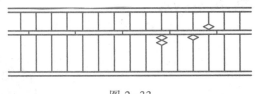
图 2-33

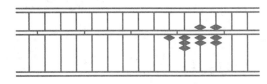
图 2-34

【例2-16】 13,444-6,789＝6,655(退位补五减法)

① 在算盘上选定个位档,拨入被减数13,444(见图2-35)。

② 拨减6,789时,"本档不够,减十加补",千位减十(万位减1)加4(6的补数是4),百位减十(千位减1)加3(7的补数是3),十位减十(百位减1)加2(8的补数是2),个位减十(十位减1)加1(9的补数是1),得差数6,655(见图2-36)。

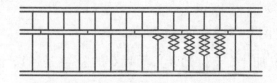

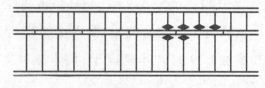

图 2-35   图 2-36

◇自我检测

用无口诀加减法分别算出下列各题的正确答案：

1. 直接加减

（1）23+15 =   （2）2,350+649 =

（3）0.23+1.05+251 =   （4）934−622 =

（5）5,728−623 =   （6）623+123 =

2. 补五加和破五减

（1）432+324 =   （2）31.42+4.34 =

（3）3,421+5,434 =   （4）786−442 =

（5）567−434 =   （6）5,678−2,344 =

3. 进位加和退位减

（1）41.62+79.58 =   （2）249+865 =

（3）2,003−165 =   （4）1,768−879 =

4. 破五进位加和退位补五减

（1）5,555+6,879 =   （2）165.87+67.67 =

（3）90,573−87,628 =   （4）2,344−768 =

任务 2.2   简捷加减法

◇学习目标

检测提示

理解珠算的简捷加减法运用范围；

选择正确的简捷加减法，提高运算速度。

简捷加减法

基本加减法适用于一般问题，带有普遍性。简捷加减法是以基本加减法为基础，根据数字的特征选择适当的算法，利用转化运算方式，结合心算，简化运算过程，以减少拨珠次数，缩短拨珠时间，提高运算速度。简捷加减法只适用于具有某种特征的数字，带有局限性。应用简捷加减法时,应根据不同题目数字的特征,选择适当的算法,只要善于综合应用,就能取得理想效果。现介绍几种常用的计算方法。

活动 2.2.1 借 减 法

◇ 基本技能

借减法又称倒减法。一般减法算题都是大数减小数,计算结果为正数,在运算时不用调整被减数和减数的顺序;若计算结果为负数(或小数减大数)时,可以调整被减数或减数的顺序,即先把绝对值大的数字拨入盘中,然后减去绝对值小的数,最后结果为盘面数并冠以绝对值大的符号("+"号省略)。

但在连续加减过程中,遇到某一中间结果小于下一笔应减去的数的情况时,再按上述方法调整被减数或减数的顺序进行计算,就会浪费拨珠动作,影响运算速度。在此种情况下,采用借减法就方便多了。

在连减或加减混合运算中,有时会遇到不够减的情况。这时可利用虚借"1"的办法,加大被减数,继续运算。这种运算方法称为借减法。

借减法的运算方法及步骤如下:

(1)不足就借,即在运算过程中遇到不够减时,向前档虚借1,再继续运算。

(2)能还则还,即当运算到够还借时,须及时还借。

(3)借大还小,即某一档虚借1未还,又不够减需再借1,就在未还虚借1的前一(几)档上借,并将前一次虚借的"1"还上,最终调整为只借1。

(4)还清得正,未还得负,即运算完毕后的盘面数分两种情况:一是已还借,答数是盘面数;二是不够还借,答数是盘面数的负补数。

(5)求补规则:"前位凑九,末位凑十"。运算完毕不够还虚借1,如盘面数为1,568,则答数为-8,432;如盘面数为91,493,则答数为-8,507;如盘面数为01,238,则答数为-98,762。

【例 2-17】 3,567-6,129+5,048=2,486(还清得正)

① 在算盘上选定个位档,拨入被减数3,567。要减去6,129,不够减向万位虚借1,视作13,567(见图2-37)。

② 减去6,129,得7,438(见图2-38)。

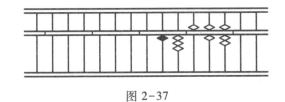

图 2-37

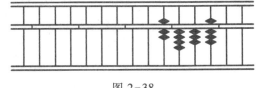

图 2-38

③ 加上 5,048,得 12,486,在万位还清虚借 1 后,得 2,486,即为所求结果(见图 2-39)。

【例 2-18】 3,579-9,248+2,061=-3,608(未还得负)

① 在算盘上选定个位档,拨入被减数 3,579。要减去 9,248,不够减向万位虚借 1,视作 13,579(见图 2-40)。

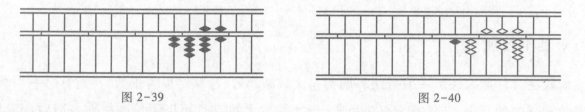

图 2-39   图 2-40

② 减去 9,248,得 4,331(见图 2-41)。

③ 加上 2,061,得 6,392,万位不够归还虚借 1,得-3,608(-10,000+6,392),即为所求结果(见图 2-42)。

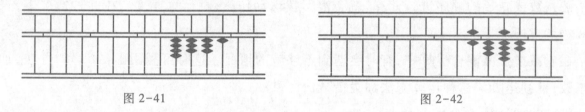

图 2-41   图 2-42

【例 2-19】 3,087-9,245-7,156+8,579=-4,735(借大还小)

① 在算盘上选定个位档,拨入被减数 3,087。要减去 9,245,不够减向万位虚借 1,视作 13,087(见图 2-43)。

② 减去 9,245,得 3,842(见图 2-44)。

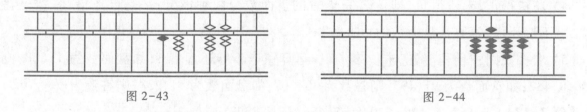

图 2-43   图 2-44

③ 减去 7,156,仍不够减,再向十万位虚借 1,同时归还万位上虚借 1,得 86,686(见图 2-45)。

④ 加上 8,579,得盘面数为 95,265,不够还虚借 1(100,000),则所求答数为-4,735(见图 2-46)。

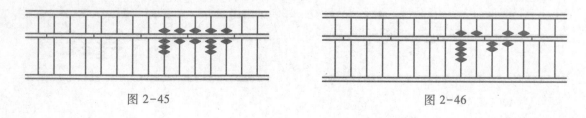

图 2-45   图 2-46

用借减法分别算出下列各题的正确答案:

还清得正:

(1) 5,367-8,219+5,408=

(2) 127-286+375=

未还得负:

(3) 273-461=

(4) 2,759-9,428+2,601=

借大还小:

(5) 273-461-906=

(6) 3,817-9,425-7,516+8,759=

活动 2.2.2 补 数 法

◇基本技能

在加减运算中,当加数或减数接近 10 的乘方数或接近整数时,可利用互补、凑整关系进行计算,以减少拨珠次数,加快计算速度。这种方法称为补数法(或凑整法)。

一、互补关系

若 $A+B=10^n$,则 A 与 B 互为补数且 $A=10^n-B$(或 $B=10^n-A$),利用 A 与 B 之间的关系可进行简捷计算。

如某一加数为 9,993,接近 10,000,就可利用互补关系:9,993=10,000-7,在万位上加 1,在个位上减 7 即可。

【例 2-20】 73,216+9,998=73,216+10,000-2=83,214

① 在算盘上选定个位档,拨入被加数 73,216(见图 2-47)。

② 加数 9,998 接近 10,000,就在万位上加 1(即加 10,000)(见图 2-48)。

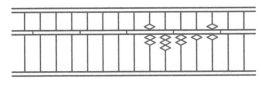

图 2-47

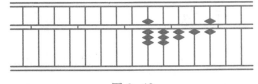

图 2-48

③ 减去多加的补数 2,得和为 83,214(见图 2-49)。

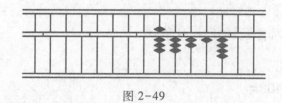

图 2-49

【例 2-21】 $52,167-995=52,167-1,000+5=51,172$

【例 2-22】 $26,394+9,978=26,394+10,000-22=36,372$

【例 2-23】 $19,657-9,899=19,657-10,000+101=9,758$

二、互凑关系

若 A+B 接近某一整数时,则 A 与 B 即为凑数关系,利用 A 与 B 之间的关系可进行简捷计算。

如某一加数为 3,996,接近整数 4,000,就可利用互凑关系:$3,996=4,000-4$,在千位上加 4,在个位上减 4 即可。

【例 2-24】 $7,986-396=7,986-400+4=7,590$

【例 2-25】 $32,978+4,978=32,978+5,000-22=37,956$

【例 2-26】 $62,894-4,798=62,894-5,000+202=58,096$

◇ 自我检测

用补数法分别算出下列各题的正确答案:

(1) $21,376+9,997=$

(2) $25,761-995=$

(3) $22,387-9,978=$

(4) $16,697+9,899=$

(5) $6,987-297=$

(6) $23,657+3,994=$

(7) $69,769-4,978=$

(8) $23,441+2,997=$

检测提示

活动 2.2.3 其他简捷加减法

◇ 基本技能

一、分节法

在多笔数字连加或连减计算中,如果每笔数字较多且首位数字排列参差不齐,可以按分节号或小数点把全部数字分成若干部分,每一部分作为一节,然后按照从左到右、从上到下的顺

52

序计算每节数字直至算完全部数字。这种运算方法叫作分节运算法。采用此种方法可以化整为零进行运算,便于记数、拨珠,减少寻找档位的时间,特别是后几节数字由于位数固定、档位固定,更便于加快计算速度、提高准确率。

【例 2-27】

(1)	(2)	(3)
8,	217,	963
	409,	785
16,	352,	974
	278,	106
+ 4,	129,	753
29,	388,	581

【例 2-28】

(1)	(2)	(3)
	650.	31
7,	921.	65
23,	709.	84
60,	395.	28
+ 5,	814.	67
98,	491.	75

运算方法和步骤如下:

(1) 选定个位档。

(2) 计算第一节的数。如例 2-27 第一节的数为:8+16+4=28。

(3) 计算第二节的数。如例 2-27 第二节的数为:217+409+352+278+129=1,385。

(4) 计算第三节的数。如例 2-27 第三节的数为:963+785+974+106+753=3,581。

最终得数为 29,388,581。

例 2-28 可按同样方法运算。

二、穿梭法

在竖式加减运算中,为避免始终从高位至低位运算的"空手移动",节约拨珠时间,可采用穿梭法进行计算,即在运算时,第一行从左向右打,第二行从右向左打,第三行又从左向右打……如此循环往复来回运算,所以此法又被称为来回运算法。此种方法也可用于一目多行计算。

【例2-29】

$$65,408.31 \quad \text{(从高位到低位置数)}$$
$$4,728,305.19 \quad \text{(从低位到高位相加)}$$
$$38,102,674.95 \quad \text{(从高位到低位相加)}$$
$$941,836.04 \quad \text{(从低位到高位相加)}$$

【例2-30】

$$269.54$$
$$905,471.68$$
$$375.21 \quad \text{(从高位到低位一目三行相加)}$$
$$64.59$$
$$68,902.34$$
$$3,810.27 \quad \text{(从低位到高位一目三行相加)}$$
$$507,849.27$$
$$236.48$$
$$92,701.53 \quad \text{(从高位到低位一目三行相加)}$$
$$\cdots \quad \cdots \quad \cdots \quad \text{(如此循环往复来回运算)}$$

三、汇总法

在减法或加减混合题计算中,把所有减数(或加数)汇总在一起加上被减数(或被加数)的运算方法,称为汇总法。此法特别适用于计算结果为负数的情况。

(一)汇总法在减法题中的应用

【例2-31】

$$317,526$$
$$-48,097 \quad \Bigg\} \quad -558,051$$
$$-2,463 \quad \Bigg\} \quad -875,577$$
$$-825,017$$
$$-558,051$$

（1）在算盘上选定个位档，先将三笔减数 48,097、2,463、825,017 汇总在一起，盘上得数为 -875,577。

（2）以盘上得数 -875,577 直接加上被减数 317,526，得差为 -558,051。

（二）汇总法在加减混合题中的应用

【例 2-32】

$$
\begin{array}{r}
325,197 \\
-62,783 \\
9,427 \\
-831,064 \\
79,261 \\
\hline
-479,962
\end{array}
$$

① 选定个位档，先将二笔减数 62,783、831,064 汇总在一起，盘上得数为 -893,847。

② 将三笔被减数（或加数）325,197、9,427、79,261 汇总在一起，盘上得数为 413,885。

③ 以汇总数 -893,847 加上 413,885，得差为 -479,962。

◇自我检测

检测提示

用分节法、穿梭法、汇总法分别算出下列各题的正确答案：

分节法：

（1）
$$
\begin{array}{r}
6,712,369 \\
19,253,974 \\
904,587 \\
872,601 \\
+\ 5,921,357 \\
\hline
=
\end{array}
$$

（2）
$$
\begin{array}{r}
506.13 \\
6,219.57 \\
32,907.48 \\
93,506.82 \\
+\ 8,415.76 \\
\hline
=
\end{array}
$$

穿梭法：

（3）

$$\begin{array}{r} 27 \\ 38 \\ -56 \\ 97 \\ \hline = \end{array}$$

（4）

$$\begin{array}{r} 605,419.23 \\ 2,478,803.91 \\ 20,138,674.59 \\ 941,836.04 \\ \hline = \end{array}$$

汇总法：

（5）

$$\begin{array}{r} 365,271 \\ -70,984 \\ -3,462 \\ -701,258 \\ \hline = \end{array}$$

（6）

$$\begin{array}{r} 291,753 \\ -72,386 \\ 7,429 \\ -801,643 \\ 96,217 \\ \hline = \end{array}$$

任务 2.3　珠、心算结合加减法

◇学习目标

理解珠、心算结合加减法的基本概念；
掌握珠、心算结合加减法的原理及要领。

珠、心算结合加减法，即珠算结合一目多行心算的运算方法。这种算法是以心算代替部分拨珠运算,借以简化运算过程,减少拨珠次数,更加有效地提高运算速度。为达到此目的,应具备一定的心算基础,掌握几种数字组合。

活动 2.3.1 数字组合法

◇基本技能

一、两个数字组合

两个数字组合即两个数字相加并求和,是最基本的心算,有以下三种情况:

(一)小于十的加

两数相加不满十,其和在 2~9 之间,共有 20 组。

(二)满十的加

两数相加其和为 10,共有 5 组。

(三)超十的加

两数相加其和大于 10,其和在 11~18 之间,共有 20 组。

两个数字组合详见表 2-4。

表 2-4　两个数字组合相加的结果

加数	加数								
	一	二	三	四	五	六	七	八	九
一	2	3	4	5	6	7	8	9	10
二	3	4	5	6	7	8	9	10	11
三	4	5	6	7	8	9	10	11	12
四	5	6	7	8	9	10	11	12	13
五	6	7	8	9	10	11	12	13	14
六	7	8	9	10	11	12	13	14	15
七	8	9	10	11	12	13	14	15	16
八	9	10	11	12	13	14	15	16	17
九	10	11	12	13	14	15	16	17	18

二、几个数字组合

几个数字组合即两个以上的数字相加并求和,由于数字增加,其组合情况有多种。

(一)相同数

几个相同数字相加,可以乘代加,即用其中一数乘以项数。如 $6+6+6=6×3=18$。

(二)类似相同数

类似相同数是指几个数字中只有其中一个数字不同,求和时,可先将其看成相同数进行计算,最后再调整其差数求和。如 $7+7+8=7×3+1=22$;再如 $8+7+8=8×3-1=23$。

(三)连续数

几个自然连续数字相加,可以其"中数"乘以项数求和。如 $7+8+9=8×3=24$;$6+7+8+9=(7+8)÷2×4=(7+8)×2=30$。

(四)凑十法

几个数字相加,先将能够凑成十的数凑成十,再与其他数字相加求和。如 $6+8+4$,先将 6 与 4 凑成 10 再加上 8,其和为 18;再如 $1+3+8+6$,可先将 1、3、6 凑成 10,再加上 8,其和为 18。

(五)拆并法

几个数字相加,若其中两数相加之和超过十,可将其中一数拆开凑成十,其零数再与其他数字相加求和。如 $8+4+7$,先将 4 拆成 2 和 2,2 与 8 凑成 10,其零数 2 加 7 为 9,最后和数为 $10+9=19$,即 $8+4+7=8+(2+2)+7=(8+2)+(2+7)=19$。

(六)并双法

几个数字相加,若其中两数相加的和为另一数时,可先将这两数相加再乘以 2 求和。如 $3+3+6=6+6=6×2=12$;再如 $2+7+9=(2+7)+9=9×2=18$。

对以上几种方法应经常进行有针对性的练习并根据具体情况灵活运用,经过心算基本功的训练,可在珠、心算结合运算中见数拨珠,快速反应,形成条件反射。

◇ 自我检测

用数字组合法分别算出下列各题的正确答案:

(1) 712,693+23,859=

(2) 7+7+7=

(3) 7+8+7=

(4) 8+7+8=

检测提示

58

（5）6+7+8 =   （6）6+7+8+9 =

（7）6+9+4 =   （8）8+4+7 =

（9）3+3+6 =   （10）2+7+9 =

活动 2.3.2 一目多行运算法

◇基本技能

一目多行运算法又称几行合并加减法。在运算多笔连加、连减混合算时,可多行看数,同位计算,用心算求出计算结果,并一次拨珠入盘。由于它能减少拨珠次数,缩短拨珠时间,所以熟练后可大大提高运算速度。

一目多行运算法按其心算方式不同,可分为"直接法""正负抵消法""先十法""弃九弃十法""一目五行弃双九弃双十法"。根据其看数多少不同,可分为"一目两行法"和"一目数行法"。根据其拨珠方式不同,可分为"前后拨珠法"和"来回拨珠法"。按其心算方式不同,可分为"组合数连加法"和"提前进退位法"。下面介绍几种主要方法:

一、直接法

直接法,就是从高位算起,一次看两(三)行同位数字直接通过心算求和,依次拨珠入盘,直至运算完最后一位数为止,即得到所求的结果。

【例 2-33】
$$
\left.\begin{array}{r}
7,8\,2\,4.9\,1 \\
3\,4\,9.5\,8
\end{array}\right\} \text{第 1~2 行,从高位至低位逐位相加}
$$

$$
\left.\begin{array}{r}
3\,2,8\,7\,4.9\,5 \\
5,9\,0\,6.4\,2 \\
+\ 7\,6,1\,2\,4.0\,3
\end{array}\right\} \text{第 3~5 行,从高位至低位逐位相加}
$$

① 计算第 1~2 行。

$$
\left.\begin{array}{r}
7,8\,2\,4.9\,1 \\
3\,4\,9.5\,8
\end{array}\right\} \text{第 1~2 行,从高位至低位逐位相加}
$$

心算:		7						千位7
			1 1					百位8+3=11
				0 6				十位2+4=06
					1 3			个位4+9=13
						1 4		十分位9+5=14
							0 9	百分位1+8=09

盘示数为 8,174.49(见图 2-50)。

② 计算第 3~5 行。

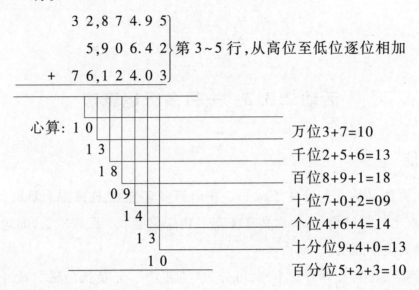

```
      3 2,8 7 4.9 5 ⎫
          5,9 0 6.4 2 ⎬ 第 3~5 行,从高位至低位逐位相加
      +   7 6,1 2 4.0 3 ⎭
```

心算: 1 0 —————————————— 万位 3+7=10
       1 3 ——————————— 千位 2+5+6=13
         1 8 ————————— 百位 8+9+1=18
           0 9 ——————— 十位 7+0+2=09
             1 4 ————— 个位 4+6+4=14
               1 3 ——— 十分位 9+4+0=13
                 1 0 — 百分位 5+2+3=10

盘示数为 123,079.89(见图 2-51)。

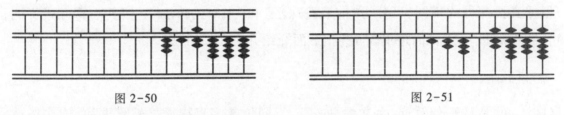

图 2-50   图 2-51

一目两(三)行连加法也可采用穿梭法计算,举例如下。

【例 2-34】
```
      4 6,0 1 8 ⎫
      9 6 5,8 3 7 ⎬ 第 1~2 行,从高位至低位逐位相加

    2 3 8,5 7 9
      6 4,0 8 3 ⎬ 第 3~5 行,从低位至高位逐位相加
    + 6 1 2,7 5 9
```

① 计算第 1~2 行。

```
      4 6,0 1 8 ⎫
      9 6 5,8 3 7 ⎬ 第 1~2 行,从高位至低位逐位相加
```

心算: ——————————————
       9 ——————————— 十万位为 9
       1 0 ————————— 万位 4+6=10
         1 1 ——————— 千位 6+5=11
           0 8 ————— 百位 0+8=08
             0 4 ——— 十位 1+3=04
               1 5 — 个位 8+7=15

盘示数为 1,011,855(见图 2-52)。

60

② 计算第 3~5 行。

$$
\begin{array}{r}
2\,3\,8,5\,7\,9 \\
6\,4,0\,8\,3 \\
+\ 6\,1\,2,7\,5\,9 \\
\end{array}
$$
第 3~5 行,从低位至高位逐位相加

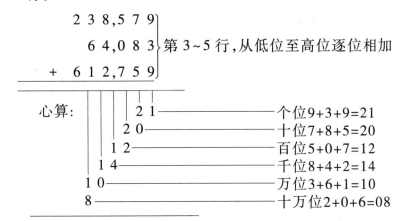

心算:

2 1	——	个位9+3+9=21
2 0	——	十位7+8+5=20
1 2	——	百位5+0+7=12
1 4	——	千位8+4+2=14
1 0	——	万位3+6+1=10
8	——	十万位2+0+6=08

盘示数为 1,927,276(见图 2-53)。

图 2-52   图 2-53

二、正负抵消法

在加减混合计算中,可用心算求出几笔同位数的和或差,然后在算盘上直接拨入加数或拨去减数。

心算方法:同号相加,异号抵消;抵消之后,正加负减。

【例 2-35】

$$
\begin{array}{r}
6\,1\,4,2\,8\,5 \\
-\ 9\,0,8\,4\,6 \\
\end{array}
$$
第 1~2 行,从高位到低位逐位抵消

$$
\begin{array}{r}
6\,1\,4,9\,3\,7 \\
-\ 9\,7,0\,8\,6 \\
2\,6,1\,4\,5 \\
\end{array}
$$
第 3~5 行,从高位到低位逐位抵消

① 计算第 1~2 行。

$$
\begin{array}{r}
6\,1\,4,2\,8\,5 \\
-\ 9\,0,8\,4\,6 \\
\end{array}
$$
第 1~2 行,从高位到低位逐位抵消

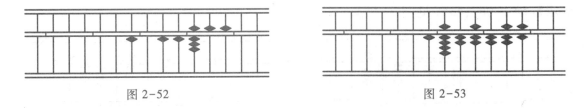

心算:

6	——	十万位+6
−8	——	万位−8(1−9)
4	——	千位+4(4−0)
−6	——	百位−6(2−8)
4	——	十位+4(8−4)
−1	——	个位−1(5−6)

先计算第 1~2 行

盘示数为 523,439(见图 2-54)。

② 计算第3~5行。

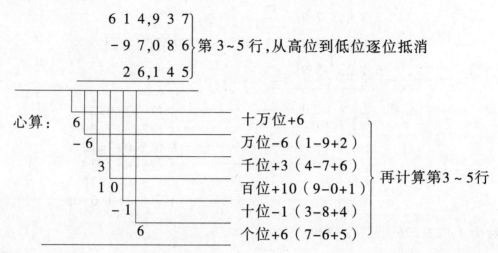

盘示数为 1,067,435（见图2-55）。

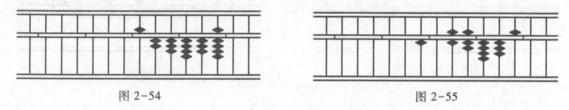

图 2-54　　　　　　　　　　　图 2-55

三、先十法

一目两(三)行先十法可分为加的先十法（提前进位法）和减的先十法（提前退位法）两种。现分述如下：

（一）加的先十法

加的先十法,是指在计算时"算本位,看后位",即将两(三)行同位数字心算求和,除首位数之和可以满十进位外,其余各位之和均舍去十位数(提前进位),将余下的个位数与下一位上的进位数相加后,依次拨珠入盘,直至得出最后结果。

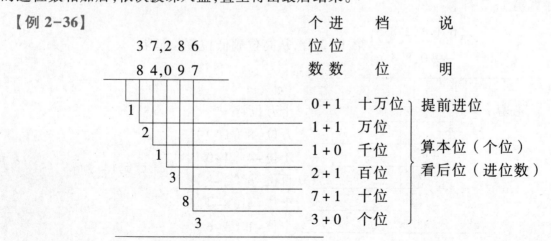

盘示数为 121,383（见图2-56）。

【例 2-37】

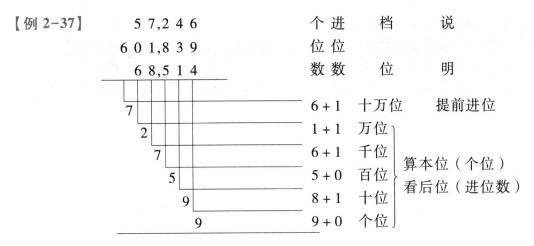

个位数	进位数	档位	说明
6+1		十万位	提前进位
1+1		万位	
6+1		千位	算本位（个位）
5+0		百位	看后位（进位数）
8+1		十位	
9+0		个位	

盘示数为 727,599（见图 2-57）。

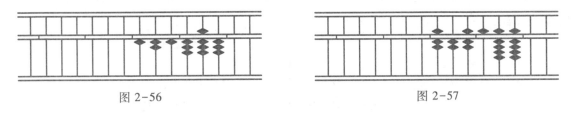

图 2-56　　　　　　　　　　图 2-57

多笔（三笔以上）数相加，可分为几组，分别用此法计算其结果。

（二）减的先十法

减的先十法，先将被减数拨珠入盘，与加的先十法一样在计算时也要"算本位，看后位"，即将各笔减数的两（三）行同位数字心算求和，除首位数之和可以满十退位外，其余各位之和均舍去十位数（提前退位），将余下的个位数与下一位上的退位数相加后，依次从盘中相应档次拨减，直至得出最后结果。

【例 2-38】

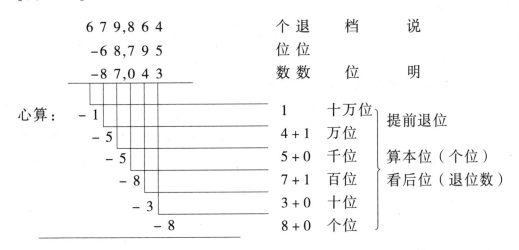

个位数	退位数	档位	说明
1		十万位	提前退位
4+1		万位	
5+0		千位	算本位（个位）
7+1		百位	看后位（退位数）
3+0		十位	
8+0		个位	

拨入被减数 679,864（见图 2-58）。

盘示数为 524,026（见图 2-59）。

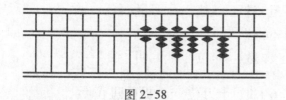

图 2-58   图 2-59

多笔(三笔以上)数减法可分为几组,分别用此法计算其结果。

四、弃九弃十法

一目三行弃九弃十法也称一目三行弃九法。它是利用补数原理进行计算的一种方法,亦属于提前进(退)位法。

运算规则是:"高位算起,前位进一;中位弃九,末位弃十;够弃加余,欠弃减差。"

运算原理:

前位	中位	末位	运算规则
▼		▼	
+1 0 0 0 …… 0 0		0 ………………	前位进一
−9 −9 −9 …… −9 −9		0 …………	中位弃九
		−1 0 …	末位弃十
计算结果为 ………………		0	

上述结果说明:"高位算起,前位进一;中位弃九,末位弃十"并不影响计算结果的正确性,其目的是:减少拨珠(进位)动作,加快计算速度。

运算规则说明:

● 高位算起,前位进一。"高位算起"是指运算时从高位开始;"前位进一"是指在前位上提前进一。"前位"不一定是最高位,它需在运算中临时确定,一般以题中三笔同位数字之和来确定。以三笔同位数字之和最先满九或超九的那一位的前一位为"前位"。

● 中位弃九,末位弃十。

"中位"的确定:"前位"之后至"末位"之前的档位,均为"中位"。

"末位"的确定:最后一位(其和必须为非 0 数)为"末位"。

"中位弃九"指各个中位均减去一个 9 不做计算。

"末位弃十"指末位减去一个 10 不做计算。

● 够弃加余,欠弃减差。"够弃加余"指当三笔同位数字中有凑 9(10)数时,则从题中弃去 9(10),余下的数则在相应档次加上。"欠弃减差"指当三笔同位数字之和不满 9(10)时,则在相应档次上减去此数与 9(10)的差数。

具体运算方法有以下两种:

(一)一目三行弃九弃十加法

此种算法是在连加计算中,按一目三行弃九弃十法计算原理所进行的一种加法计算。

【例 2-39】

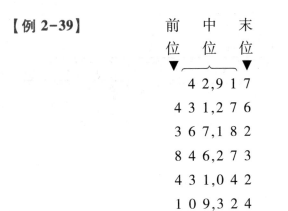

前　中　末
位　位　位
▼　⌒　▼
　4 2,9 1 7
4 3 1,2 7 6
3 6 7,1 8 2
8 4 6,2 7 3
4 3 1,0 4 2
1 0 9,3 2 4
————————

① 求前三笔数之和。

前　中　末
位　位　位
▼　⌒　▼
　4 2,9 1 7
4 3 1,2 7 6
3 6 7,1 8 2

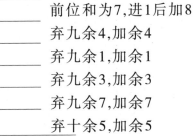

心算：
　　8　　　　　　前位和为7,进1后加8
　　　4　　　　　弃九余4,加余4
　　　　1　　　　弃九余1,加余1
　　　　　3　　　弃九余3,加余3
　　　　　　7　　弃九余7,加余7
　　　　　　　5　弃十余5,加余5
————————

盘示数为 841,375(见图 2-60)。

② 求后三笔数字之和。

前　中　末
位　位　位
▼　⌒　▼
8 4 6,2 7 3
4 3 1,0 4 2
1 0 9,3 2 4

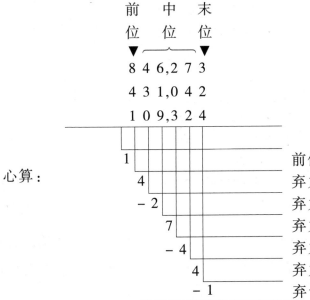

心算：
　1　　　　　　　前位进1
　　4　　　　　　弃九余4,加余4
　　　-2　　　　　弃九欠2,减差2
　　　　7　　　　弃九余7,加余7
　　　　　-4　　　弃九欠4,减差4
　　　　　　4　　弃九余4,加余4
　　　　　　　-1　弃十欠1,减差1
————————

盘示数为 2,228,014(见图 2-61)。

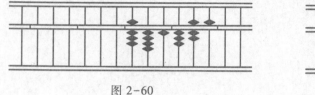 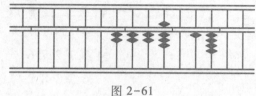

图 2-60   图 2-61

（二）一目三行弃九弃十减法

一目三行弃九弃十减法有以下两种计算方法：

（1）先把被减数拨在算盘上,然后每三笔减数按照"高位算起,前位减一;中位弃九,末位弃十;够弃减余,欠弃加差"的运算规则进行计算。

【例 2-40】

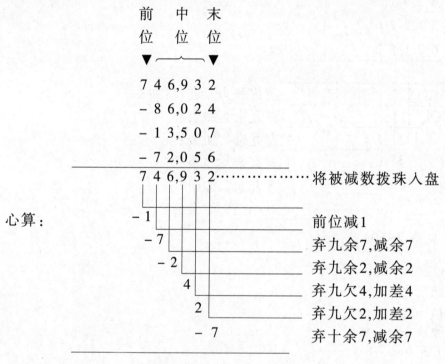

盘示数为 575,345(见图 2-62)。

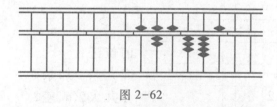

图 2-62

（2）先将被减数的补数拨珠入盘,然后按照前述一目三行弃九弃十加法,将各笔减数加在算盘上,最后盘面数字的补数即为所求结果。若盘示结果位数超过被减数位数,减掉前位的进位数即得所求结果(为负差数)。

【例 2-41】

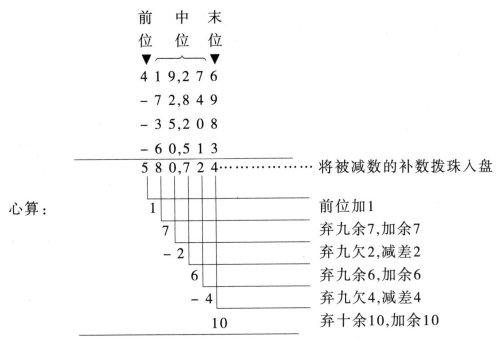

	前位	中位	末位				
	4	1	9,	2	7	6	
-		7	2,	8	4	9	
-		3	5,	2	0	8	
-		6	0,	5	1	3	
	5	8	0,	7	2	4	……… 将被减数的补数拨珠入盘

心算：

1					前位加1
	7				弃九余7,加余7
	-2				弃九欠2,减差2
		6			弃九余6,加余6
		-4			弃九欠4,减差4
			10		弃十余10,加余10

盘示数为 749,294（见图 2-63）。

盘示数的补数 250,706 即为所求结果。

五、一目五行弃双九弃双十法

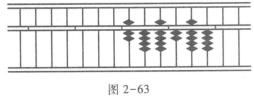

图 2-63

一目五行弃双九弃双十法也是利用补数原理进行多行计算的一种方法。其运算规则是："高位算起,前位进二;中位弃双九,末位弃双十;够弃加余,欠弃减差。"

【例 2-42】

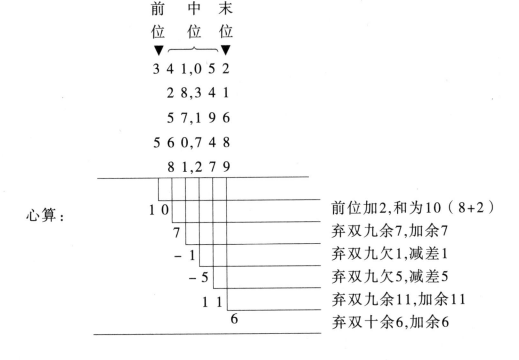

	前位	中位	末位			
	3	4	1,	0	5	2
		2	8,	3	4	1
		5	7,	1	9	6
	5	6	0,	7	4	8
	8	1,	2	7	9	

心算：

10						前位加2,和为10（8+2）
	7					弃双九余7,加余7
	-1					弃双九欠1,减差1
		-5				弃双九欠5,减差5
		11				弃双九余11,加余11
			6			弃双十余6,加余6

盘示数为 1,068,616(见图 2-64)。

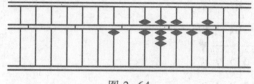

图 2-64

◇ 自我检测

检测提示

直接法：

（1）　　　7,349.58
　　　　　　　827.91
　　　　　32,876.45
　　　　　　6,904.91
　　　　+75,124.03
　　　＝

（2）　　　46,018
　　　　　965,837
　　　　　64,083
　　　　　612,759
　　　　+238,571
　　　＝

正负抵消法：

（3）　　416,582
　　　　　-90,648
　　　　　614,739
　　　　　-79,806
　　　　　62,541
　　　＝

先十法：

（4）　　　73,628
　　　　　+48,709
　　　＝

（5）　　　75,642
　　　　　610,938
　　　　　86,415
　　　＝

68

（6）　　697,654

　　　　−86,975

　　　　−78,403
　　　　_____

　　　　＝

弃九弃十法：

（7）　　846,273

　　　　431,642

　　　　159,327

　　　　 42,513

　　　　435,201

　　　　360,142
　　　　_____

　　　　＝

（8）　　876,259

　　　　−68,124

　　　　−34,508

　　　　−72,056
　　　　_____

　　　　＝

（9）　　427,196

　　　　−62,548

　　　　−35,209

　　　　−70,831
　　　　_____

　　　　＝

一目五行弃双九弃双十法：

（10）　260,148

　　　　 81,209

　　　　314,052

　　　　 28,341

　　　　 75,106

　　　　506,712

　　　　 10,234
　　　　_____

　　　　＝

任务 2.4　传票和账表运算法

◇学习目标

了解传票和账表基本运算方法；

能运用珠算快速准确地翻打传票、账表。

活动 2.4.1　传票运算法

◇基本技能

一、传票运算法的基础知识

传票运算简称传票算，是指在经济核算过程中，对各种单据、发票或凭证进行汇总计算的一种方法，一般采用加减运算。它是加减运算在实际工作中的具体应用。它可以为各种经济业务提供及时、准确、可靠的基础数字，是财经工作者的一项基本功，并被列入全国珠算技术比赛的正式项目。

（一）传票的种类和规格

1. 传票的种类

传票按是否装订分为两种：一种是订本式传票，在传票的左上角装订成册，一般在比赛中使用；另一种是活页式传票，在实际工作中，特别在银行业使用较多。

2. 传票的规格

比赛用传票一般长 19 厘米，宽 9 厘米，用 4 号手写体印刷。每面各行数字下加横线。每本传票 100 页，每页 5 行数字，每行数字前印有行次，各行数字从 1~100 页，均为 550 数字，每笔最高为 7 位数，最低为 4 位数，全为金额单位。页码一般印在右上角，用阿拉伯数字标明。传票示例见表 2-5。

表 2-5　某 页 传 票

（一）	49.87	27
（二）	281.76	
（三）	5,276.08	
（四）	2,150.49	
（五）	96,104.32	

（二）比赛题型

传票题每 20 页同一行为一题，共 110 个数字，0~9 均衡出现（见表 2-6）。

表 2-6　传 票 算 题

题序	起止页数	行次	答案
1	20~39	（一）	
2	41~60	（三）	
3	57~76	（五）	
4	78~97	（二）	
...	...	...	...

说明：上表中"题序"表明计算顺序，"起止页数"表示某题从哪一页开始计算，至哪一页为止。
"行次"表示运算的行数。如第一题表示从第 20 页起到第 39 页结束，"（一）"表示把每页
第一行数字累加起来。

（三）比赛办法

比赛时采用限时不限量的比赛办法，每题分值为 15 分。

二、传票算的基本功

进行传票算运算，除珠算加减法要熟练外，还应掌握找页、翻页、记页等基本功。

（一）传票的摆放位置

为了便于运算，传票应摆放在适当位置，如果使用小型算盘可将传票放在算盘的左上方，
贴近算盘，便于看数计算。

（二）整理传票

在翻打传票前，要检查传票是否有错误，如缺页、重页、数码不清、错行、装订方向错误等问
题，待检查无误后，方可整理传票。整理传票即将传票捻成扇形，使每张传票自然松动，不会出
现粘在一起的情况。

捻扇形的方法：首先用两手拇指放在传票封面上，两手的其余四指放在背面，左手捏住传
票的左上角，右手拇指放在传票下面。然后，右手拇指向顺时针方向捻动，左手配合右手向反
方向用力，轻轻捻动即成扇形。扇形幅度不宜过大，只要把传票封面向下突出，背面向上突出，
便于翻页即可。最后用夹子将传票的左上角夹住，使扇形固定，防止错乱。

（三）找页

找页的动作快慢、准确与否,直接影响传票运算的准确性和速度。找页是传票运算的基本功之一,必须加强练习。找页的关键是练手感,即摸纸页的厚度,如 10 页、20 页、30 页、50 页等的厚度,做到仅凭手感就可一次翻到临近的页码上,然后用左手向前或向后调整,迅速翻至要找的页码。

找页的基本要求是:右手在书写上一题的答案时,用眼睛的余光看清下题的起始页数,用左手迅速、准确地找到下题的起始页数,做到边写答案边找页。

（四）翻页

传票算要求用左手翻传票,右手打算盘,两手同时进行。翻页的方法是:左手的食指、拇指放在起始页,小指、无名指放在传票封面的左下方,中指挡住已翻过的页,食指配合拇指将传票一页一页掀起。翻页与拨珠必须同时进行,票页不宜翻得过高,角度应适宜,以能看清数据为准。翻页计算时,可采用一次一页打法,也可采用一次两页或三页打法。

（五）记页

在传票运算时,为了避免计算过页或计算不够页,应采取记页(数页)的方法。记页,就是在运算中记住终止页,当估计快要运算完该题时,用眼睛的余光扫视传票的页码,以防过页。数页就是边运算边默念已打过的页数,最好每打一页,默念一页,打第一次默念 1,打第二次默念 2……默念到 20 时核对该题的起止页数,如无误,立即书写答数。如果采用一目两页打法,每题只数十次,即打前两页时默念 1,打次两页时默念 2……默念到 10 时,核对该题的起止页数,如无误,立即书写答案。

（六）看数与拨珠

在传票运算时,翻页、看数、拨珠、写数要协调进行。看数时,应按小数点或分节号将较长的某行数字分成几部分,以便于识记,并做到打上页最后几位数时,手已翻开下页。书写到上页答案最后几位数时,左手已找到下题起始页,眼看下题数字,同时进行拨珠,这样,动作连贯,边看边打,计算快速。

三、传票算的计算方法

（一）一目一页打法

所谓一目一页打法,就是翻一页打一页。一目一页打法可分为传统打法与来回打法两种。

（1）传统打法，即指每页在拨珠入盘时，都是按从左到右（从高位到低位）的顺序依次拨珠入盘，直至运算完毕。

【例2-43】 某题"起止页数"为9~28，"行数"为（五），则运算顺序如下：

第9页第五行数为： 2,735.61

第10页第五行数为： 57,416.08

…… ……

第28页第五行数为： 2,813.76

（2）来回打法，即指某题先从左到右，再从右到左，如此反复多次拨珠入盘，直至运算完毕。

【例2-44】 同上题，运算顺序如下：

第9页第五行数为： 2,735.61

第10页第五行数为： 57,416.08

第11页第五行数为： 582.79

…… ……

第28页第五行数为： 2,813.76

（二）一目两页打法

一目两页打法，指每次翻起两页传票，并将这两页传票上相关的数字，通过一目两行"直接法"或"弃九弃十法"心算求和，一次拨珠入盘。

其方法是：

（1）将小指、无名指放在传票封面的中部偏左。

（2）拇指将起始页前的所有票页翻过，用无名指和中指夹住，食指放在每题的起始页，拇指略翻起传票，翻的高度以能看到次页传票数字为准，然后心算出两页有关行次的数字之和并拨珠入盘。

（3）当和数的最末两位数即将拨珠入盘时，拇指迅速将已心算过的两页翻过，食指挑起用中指夹住，再用拇指略翻起下页传票，继续运算，如此一目两页地进行下去，直至运算到末页为止。

（三）一目三页打法

一目三页打法，指将传票的三页有关数字心算求和，一次拨珠入盘。

其翻页方法是：

（1）将小指、无名指放在传票封面的左端。

（2）拇指将起始页前的所有票页一次或分次翻过，用无名指和中指夹住，中指此时在起始页上,然后用拇指掀起上页用食指挑住,拇指再掀起中页,露出下页,使眼睛能迅速看清三页里有关行次的数字(不能同时看清时,可稍动一下拇指、食指或中指),然后采用一目三行"直接法"或"弃九弃十法"心算求和,一次拨珠入盘。

（3）当和数的最末两位数即将拨珠入盘时,拇指迅速翻过前三页,中指挡(夹)住,拇指翻起下一个三页的上页,用食指挑住,与中指夹住继续运算,拇指再掀起中页,露出下页,如此一目三页地进行下去,直至运算到末页为止。

传票运算要求眼、手、脑并用,协调性强,应加强练习,分步进行。

第一,先练习计算第五行数字,因第五行数字在传票的最下方,便于看数、记数,不易出错,待第五行数字的计算达到一定熟练程度后,计算的行次再逐步上移。

第二,一目两页、一目三页打法,翻页心算难度大,可先练翻页,注意左手各指动作应协调配合,幅度适当,切实到位。再练心算,可单独练习翻页心算,不进行拨珠运算,待一目两页、一目三页翻页熟练,心算适应后,可进行实际拨珠训练。

目前,国内选手一般采用一目两页或一目三页打法。一目两页或一目三页打法也可采用来回运算法,具体运算可参照一目一页来回打法进行,不再赘述。

◇ 自我检测

自备传票用一目一页打法、一目两页打法和一目三页打法分别计算下列各题:

传票算练习题				完成题数	
班级				错题数	
姓名				对题数	
学号				分数	
				评分	
注:小数题要求保留两位小数。				复核	

题序	起讫页数	行数	答案	题序	起讫页数	行数	答案
1	9~28	4		8	34~53	4	
2	26~45	3		9	54~73	1	
3	46~65	1		10	74~93	3	
4	66~85	2		11	10~29	3	
5	50~69	5		12	23~42	5	
6	2~21	5		13	28~47	2	
7	17~36	2		14	57~76	4	

题序	起讫页数	行数	答案	题序	起讫页数	行数	答案
15	62~81	1		25	34~53	3	
16	2~21	3		26	41~60	5	
17	17~36	4		27	76~95	4	
18	9~28	5		28	6~25	1	
19	22~41	1		29	26~45	4	
20	42~61	3		30	44~63	2	
21	67~86	4		31	66~85	5	
22	81~100	2		32	81~100	3	
23	2~21	2		33	9~28	2	
24	14~33	1		34	30~49	1	

活动 2.4.2　账表运算法

◇基本技能

账表运算法又称账表算、表册算。它是对合并在一张表格中的数据先进行纵、横加减计算,然后再将纵、横数汇总轧平的一种运算方法。

账表算广泛应用于会计、统计工作中,现以全国比赛用账表题型为标准进行介绍。

一、账表算的基础知识

(一)账表算的题型

账表算每张表由纵 5 栏横 20 行数码组成,即纵向 5 个算题,横向 20 个算题。要求纵、横轧平,得出总数。

账表中各行数字最少 4 位、最多 8 位。纵向每题 120 个数码,20 行,由 4 位至 8 位数各 4 笔组成;横向每题 30 个数码,5 笔,由 4 位至 8 位数各一笔组成,均为整数。不带角分,每题数码 0~9 均衡出现。

每张账表有 4 个减号,横向分别排列在四个题中(每题各有一个减号)。所有题目均得正值,不设得负值的题。

账表算的题型见表 2-7。

表 2-7 账表算的题型

题序	（一）	（二）	（三）	（四）	（五）	合计
1	1,062,873	845,079	72,931,804	25,136	6,459	
2	87,205,149	30,216	5,263,174	8,469	708,935	
3	26,301	76,419,258	6,857	579,304	9,284,301	
4	5,498	−8,307,426	413,906	38,712,509	61,257	
5	479,536	9,153	82,059	7,012,468	23,714,068	
…	…	…	…	…	…	
20	503,624	6,738,409	−798,124	4,715	90,512,638	
合计						

（二）账表算记分办法

账表算每张表满分为 200 分,其中横行 20 题,每题 4 分,计 80 分;纵栏 5 题,每题 14 分,计 70 分;纵横轧平再加 50 分。

账表算准确性非常重要。因为不管是在横行运算中,还是在纵栏运算中,算错一题,就不算轧平。不但轧平的 50 分得不到,还须从 150 分中减去错题分数。所以应练就扎实的基本功,不但计算要快,更要计算准。

二、账表算的具体方法

账表算分为横行运算和纵栏运算,现分别介绍如下。

（一）横行运算

横行运算可采用一目一数计算法和一目两数计算法。

1. 一目一数计算法

一目一数计算法分为以下两种:传统加减法,即从高位至低位,看一数打一数的计算方法;穿梭法,即先从高位至低位,再从低位至高位的计算方法。

【例 2-45】

某行数字:	5,829	47,056	713,924	5,679,128	30,648,579
计算方向:	—→	←—	—→	←—	—→
盘面数:	5,829	52,885	766,809	6,445,937	37,094,516

2. 一目两数计算法

横行一目两数计算法与竖行一目两行计算法相比,难度较大。因为横向两数同位数是左右排列而不是上下排列的,为防止错位,可用左手中指、食指适当分开,同时指点左右两笔数的下边(最好选择每数的固定位置,如千位),利用左手中指、食指的指点位置,便于确定横向两数的同位数,为进一步采用下述方法奠定基础。

一目两数直加法:可从高位至低位将横向两数的同位数字心算求和,一次拨珠入盘。

【例2-46】

| 某行数字: | 85,069 | 3,457 | 187,295 | 4,765,301 | 63,184,912 |

手指位置: ▲　　　▲　　　▲　　　　　　▲

| 心算求和: | 88,526 | | 4,952,596 | | |

| 盘面数: | 88,526 | | 5,041,122 | | 68,226,034 |

一目两数直加法也可采用穿梭法,即先从高位至低位,再从低位到高位拨珠运算,可参照一目一数穿梭法进行。

一目两数抵消法:如果某行有一笔减数,可以用一目两数抵消后的结果直接拨珠入盘。

一目两数弃九弃十法也可使用,但实际效率不高,不如一目两数直加法和一目两数抵消法运用广泛,不再赘述。

(二)纵栏运算

账表算纵栏共5题,其中加算题3个,加减混合题2个。

其运算方法除采用基本加减法外,还可采用一目一行或一目多行珠、心算结合加减法。这些运算方法已在任务2.3珠、心算结合加减法中做了介绍,不再赘述。

◇ 自我检测

用一目一数计算法和一目两数计算法分别算出下列各题的正确答案:

检测提示

	(一)	(二)	(三)	(四)	(五)	合 计
(一)	2,463	6,569,915	38,947	13,027,508	248,107	
(二)	427,801	4,376	1,955,669	84,239	71,530,082	
(三)	27,805,013	840,217	3,264	−9,916,565	79,834	
(四)	94,378	52,073,801	720,481	6,342	9,165,596	
(五)	5,195,669	42,893	35,081,207	177,048	2,643	
(六)	43,628	9,381,074	728,014	9,532	71,055,966	
(七)	3,149,087	248,701	5,396	61,659,057	24,832	
(八)	401,827	3,259	17,509,656	32,468	−1,987,043	
(九)	2,935	76,059,651	23,284	−8,043,197	814,706	

	（一）	（二）	（三）	（四）	（五）	合计
（十）	65,610,957	86,432	7,890,413	170,482	2,593	
（十一）	8,710,324	97,528	36,505,906	291,471	6,348	
（十二）	6,482	3,827,401	72,859	63,560,095	139,417	
（十三）	714,921	4,386	2,371,408	98,752	39,066,055	
（十四）	90,660,535	972,114	3,468	1,243,078	27,958	
（十五）	89,375	59,005,636	419,217	8,436	−4,108,227	
（十六）	63,421	864,079	5,132,479	8,513	52,078,069	
（十七）	28,906,507	31,462	148,709	3,271,954	6,583	
（十八）	1,835	62,580,970	46,213	760,394	4,913,572	
（十九）	9,412,537	3,851	96,752,008	32,614	409,687	
（二十）	960,748	7,293,514	5,063	89,260,705	12,431	
合计						

单元 3
珠算乘法

乘法是求一个数若干倍的算法，也是求若干个相同数之和的简捷算法。乘法在经济活动乃至日常生活中都有极其广泛的应用。本单元主要介绍珠算乘法定位、后乘法和前乘法两种基本乘法、补数乘法和省乘法两种简捷乘法、一口清运算法和双九九运算法等珠、心算结合乘法。

任务 3.1 珠算乘法定位

◇学习目标

了解珠算乘法原理,能熟记大九九口诀;

能确定数的位数,采用公式定位法和固定个位档定位法进行乘积的定位。

珠算乘法运算要得出准确的积,就必须掌握乘法的定位方法。珠算乘法的定位方法有很多,本任务重点介绍公式定位法和固定个位档定位法。

活动 3.1.1 珠算乘法原理和数的位数

◇基本技能

一、珠算乘法原理

(一)乘法的种类

乘法是指求一个数的若干倍为多少的一种计算方法。其表达式如下:被乘数×乘数＝积数,其中被乘数在珠算术语上被称为"实数",而乘数被称为"法数"。

珠算乘法按照不同标准可以分为不同种类(见图 3-1)。

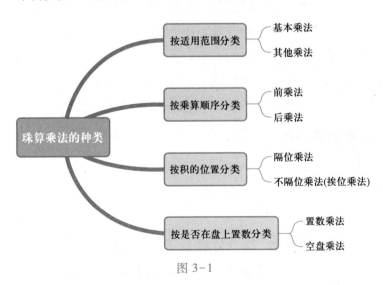

图 3-1

（二）乘法的运算顺序

乘法的运算顺序因采用的方法不同而略有差异，如果采用前乘法，则运算从左到右，先从被乘数的最高位乘起，依次乘到最低位；如果采用后乘法，则运算从右到左，先从被乘数的最低位乘起，依次乘到最高位。

（三）乘法口诀

学习乘法首先要学习乘法口诀，乘法口诀有"大九九"和"小九九"两种。在传统的珠算乘法中，一般采用大九九口诀。

大九九口诀包括小九九口诀（也叫顺九九口诀）45句、逆九九口诀36句，共计81句（见表3-1）。

表3-1　大九九口诀表

乘数	被乘数								
	一	二	三	四	五	六	七	八	九
一	一一 01	二一 02	三一 03	四一 04	五一 05	六一 06	七一 07	八一 08	九一 09
二	一二 02	二二 04	三二 06	四二 08	五二 10	六二 12	七二 14	八二 16	九二 18
三	一三 03	二三 06	三三 09	四三 12	五三 15	六三 18	七三 21	八三 24	九三 27
四	一四 04	二四 08	三四 12	四四 16	五四 20	六四 24	七四 28	八四 32	九四 36
五	一五 05	二五 10	三五 15	四五 20	五五 25	六五 30	七五 35	八五 40	九五 45
六	一六 06	二六 12	三六 18	四六 24	五六 30	六六 36	七六 42	八六 48	九六 54
七	一七 07	二七 14	三七 21	四七 28	五七 35	六七 42	七七 49	八七 56	九七 63
八	一八 08	二八 16	三八 24	四八 32	五八 40	六八 48	七八 56	八八 64	九八 72
九	一九 09	二九 18	三九 27	四九 36	五九 45	六九 54	七九 63	八九 72	九九 81

注：口诀的第一个数字是乘数，第二个数字是被乘数，后面的阿拉伯数字是乘积。为了防止加积时加错档位，当乘积十位数上没有数时，用0表示，如二四08，在运算时0要占一档位，但不拨珠。

二、数的位数

珠算乘法定位，是根据被乘数与乘数的位数决定的。要掌握乘法定位，必须先掌握数的位数。数的位数共分三类：

乘法中的数

（一）正位

一个数有几位整数，这个数就是正（＋）几位。

例如，967是"正三位数"（＋3）；38.278是"正二位数"（＋2）；1.2064是"正一

位数"(+1);26,500 是"正五位数"(+5)。

(二) 零位

十分位不为零的纯小数,就是零(0)位数。例如,0.256、0.906、0.324657 等都是零位。

(三) 负位

珠算定位

十分位为零的纯小数,小数点后面连续有几个零的数就是负几位数。

例如,0.08007 是"负一位数"(-1);0.00087 是"负三位数"(-3);0.00502 是"负二位数"(-2)。

◇ 自我检测

判断下列各数的位数。

(1) 4,003

(2) 78,000

(3) 0.56

(4) 2.007

检测提示

(5) 0.0005

(6) 0.0308

(7) 9.0034

(8) 9,002.03

(9) 70.06

(10) 276

活动 3.1.2　公式定位法

◇ 基本技能

公式定位法是算后定位法,又叫通用定位法。它应用广泛,不仅适用于珠算,也适用于笔算、心算、尺算等多种算法的定位。

一、基本方法

设 m 代表被乘数的位数,n 代表乘数的位数,j 代表积的位数,则积的位数可用下列公式表示:

$$j=m+n\cdots\cdots\cdots①\qquad\qquad j=m+n-1\cdots\cdots\cdots②$$

那么,在什么情况下用公式①,在什么情况下用公式②呢? 请看下面两组例题:

第一组:53×9＝477　　　　　　　　(+2)位+(+1)位=(+3)位

0.068×0.4＝0.0272　　　　　(-1)位+(0)位=(-1)位

97×98＝9,506　　　　　　　(+2)位+(+2)位=(+4)位

83

第二组：21×3=63 　　　　　　　　　（+2）位+（+1）位-1=（+2）位

0.021×0.04=0.00084 　　　　　（-1）位+（-1）位-1=（-3）位

11×11=121 　　　　　　　　　　（+2）位+（+2）位-1=（+3）位

上例中第一组用公式①，第二组用公式②。用哪一个公式进行定位可用比较法进行判断。

（1）当积的最高位数字小于被乘数或乘数的最高位数字时，用公式①定位。如 6×7.2=43.2，积数最高位数字 4 小于被乘数最高位数字 6，用公式① $j=m+n$ 定位，故积的位数为+2位。

（2）当积的最高位数字大于或等于（一位数乘法）被乘数或乘数的最高位数字时，用公式②定位，即积的位数为被乘数位数与乘数位数之和再减1。如 3×25=75，积的最高位数字 7 大于被乘数或乘数最高位数字 3 或 2，用公式② $j=m+n-1$ 定位，故积的位数为+2位。再如 100×10=1,000，积的最高位数字等于被乘数或乘数的最高位数字时，用公式② $j=m+n-1$ 定位，故商的位数为+4位。

（3）当积的最高位数字与被乘数或乘数的最高位数字相同时，可比较它们的次高位数字。若积数的次高位数字小于被乘数或乘数次高位数字时，用公式① $j=m+n$ 定位，如 97×99=9,603，积的最高位数字与被乘数或乘数的最高位数字相同均为9，则比较它们的次高位数字，积的次高位数字 6 小于被乘数次高位数字 7，也小于乘数次高位数字 9，故积的位数为+4位（2+2）；若积的次高位数字大于被乘数或乘数次高位数时，用公式② $j=m+n-1$ 定位，如 0.13×14=1.82，积的最高位数字与被乘数或乘数的最高位数字相同，均为1，则比较它们的次高位数字，因积的次高位数字 8 大于被乘数或乘数次高位数字 3 或 4，故积的位数为+1（0+2-1）位。如次高位数字再次相同，则比较第三位，方法同上，依次类推。

总之，运用公式定位法确定积的位数时，一般分为两步：

第一步，确定被乘数与乘数的位数。

第二步，确定积的最高位数字与被乘数最高位数字或乘数最高位数字的大小。若积数最高位数字小，则用公式① $j=m+n$ 定位；若积数最高位数字大，则用公式② $j=m+n-1$ 定位。

二、盘上定位法

公式定位法还可以应用于算盘上，对于破头乘法，若固定被乘数从算盘左一档起置数，计算完毕，如果算盘左一档有数，其定位公式为 $m+n$，如果算盘左一档为空档，则其定位公式为 $m+n-1$，可概括为"位数相加，前空减一"。对于空盘前乘法，若从算盘左一档起拨被乘数与乘数相乘的积数，计算完毕，如果算盘左一档有数，其定位公式为 $m+n$，如果算盘左一档为空档，则其定位公式为 $m+n-1$，即"位数相加，前空减一"。

【例3-1】　30.6×4.52=138.312

经过运算，算盘左一档是非零数字1，所以积的位数是 $m+n=2+1=3$（位）。

【例 3-2】 256×3 = 768

经过运算,算盘左一档是"0"(空档),所以积的位数是 $m+n-1 = 3+1-1 = 3$(位)。

◇ 自我检测

用公式定位法对下列各题进行定位。

(1)4.56×373→170088

(2)0.456×3.73→170088

(3)0.00456×0.373→170088

(4)83.5×63.6→53106

(5)2.56×2.83→72448

活动 3.1.3　固定个位档定位法

◇ 基本技能

固定个位档定位法是一种算前定位法,该定位法适用于先置被乘数入盘的后乘法运算。它是在运算前先选定算盘上的某一档,作为乘积的个位档(用▼表示),并以这一档为基点来确定重新定位后的被乘数的入盘位置;运算完毕后,积的个位就在所选定的个位档上。具体方法如下:

(1)确定个位档。一般以算盘左起第三个计位点的左一档作为个位档,此档既是新的被乘数的个位档,也是所求积数的个位档。此档在算前一经确定就不要随意变动。

(2)改变原被乘数位数,使其变为新的被乘数,然后入盘。方法是:若用挨位乘法运算(挨位乘法是指被乘数某位数字乘到乘数首位非零数字时,得出九九积的个位紧挨被乘数档位,其十位数在该被乘数某位数字档上,即"言十就身,逢如隔位",故也称"不隔位乘法"),则用 $m+n$ 改变原被乘数;若用隔位乘法运算(隔位乘法是常用的珠算乘法之一,指先用乘数的第一位数乘,在开始时不把乘数拨去,把乘得的积满十的拨在被乘数该位后边的第一位,不满十的拨在被乘数该位后边的第二位(隔开一位)。用乘数的各位都乘完以后,再把被乘数该位拨去。),则用 $m+n+1$ 改变原被乘数。

(3)运算完毕,盘面结果即为所求积数。

举例图示说明如下:

【例 3-3】 45×36 = 1,620(用挨位乘法计算)

① 以算盘左起第三个计位点的左一档作为积的个位档,被乘数为正二位,乘数为正二位,即(+2)+(+2)= +4,这样,原被乘数 45 变为 4,500 拨入盘中(见图 3-2)。

② 乘完后,即得乘积 1,620(见图 3-3)。

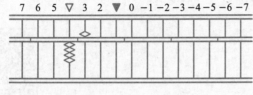

图 3-2   图 3-3

【例 3-4】   45×3.6＝162(用挨位乘法计算)

① 以算盘左起第三个计位点的左一档作为积的个位档,被乘数为正二位,乘数为正一位,即(+2)+(+1)＝+3,这样,原被乘数 45 变为 450 拨入盘中(见图 3-4)。

② 乘完后,即得乘积 162(见图 3-5)。

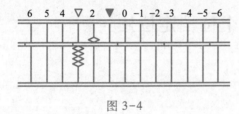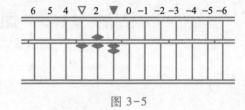

图 3-4   图 3-5

◇自我检测

用固定个位档定位法对下列各题定位。

(1) 45,600×0.373→170088

(2) 45.6×0.00373→170088

(3) 7.43×0.648→481464

(4) 83,460×4.27→3563742

(5) 0.00754×0.33→24882

任务 3.2   乘法的基本方法

◇学习目标

掌握破头后乘法和空盘前乘法的运算步骤;

能运用破头后乘法和空盘前乘法进行乘法运算。

珠算相乘的方法有很多种,本任务重点介绍两种基本方法:破头后乘法和空盘前乘法。

86

活动 3.2.1　后乘法（破头后乘法）

◇基本技能

后乘法因乘积的记法不同，分为挨位乘法和隔位乘法两种。由于隔位乘法拨珠动作较多，目前广泛应用挨位乘法。后乘法根据乘数的数位多少，还可分为一位乘法和多位乘法两种。多位乘法又可分为破头乘、留头乘和掉尾乘等方法。在实际计算中，由于当前广泛流行上一下四珠算盘，留头乘和掉尾乘已不再适用。对有两个以上乘数的连乘法，还要使用后乘法进行运算。因此，本书只重点介绍破头后乘法。

破头后乘法是先用被乘数的末位数字与乘数的头位数字乘起，一直乘到乘数的末位数字，然后用被乘数的倒数第二位数字与乘数的头位数字至末位数字相乘，依次类推，直至乘完所有被乘数。这种乘法因一开始就要破掉被乘数的末位数字，并且是从被乘数后位开始相乘，所以叫作破头后乘法。其具体的运算步骤如下：

（1）置数。自盘左一档起依次拨入被乘数，默记乘数（或眼看乘数）。

（2）乘的顺序。先用被乘数的末位数字同乘数最高位数字相乘，一直乘到末位数字，再用被乘数其余各位数字由低位到高位依照同样方法进行运算，直到乘完为止（见图 3-6）。

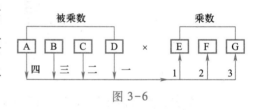

图 3-6

（3）乘积入盘的位置。乘数是第几位，则乘积的个位数就拨在该被乘数的右几档上。

【例 3-5】　928×69=64,032

① 自盘左一档起拨入被乘数 928，默记乘数 69（见图 3-7）。

② 用被乘数末位 8 同乘数最高位 6 相乘，读口诀"八六 48"。把被乘数 8 改作 4,4 的右一档拨上 8（见图 3-8）。

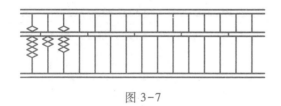

图 3-7

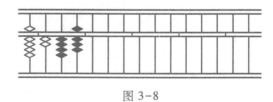

图 3-8

③ 用被乘数末位 8 同乘数末位 9 相乘。读口诀"八九 72"，从其右一档起，加上 72（见图 3-9）。

④ 用被乘数第二位 2 同乘数最高位 6 相乘，"二六 12"，把被乘数改作 1，并在其右一档加 2（见图 3-10）。

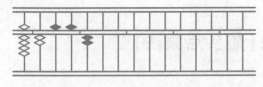

图 3-9

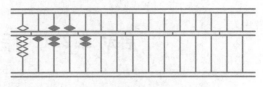

图 3-10

⑤ 用被乘数的第二位 2 同乘数的末位 9 相乘,"二九 18",从其右一档起依次加 18(见图 3-11)。

⑥ 用被乘数的最高位 9 同乘数最高位 6 相乘,"九六 54",把被乘数 9 改作 5,并在其右一档加 4(见图 3-12)。

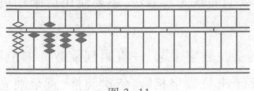

图 3-11

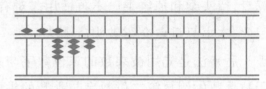

图 3-12

⑦ 用被乘数最高位 9 同乘数末位 9 相乘,"九九 81",从其右一档起依次加 81(见图 3-13)。

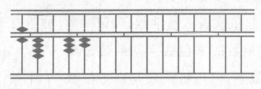

图 3-13

根据公式定位法的口诀"位数相加,前空减一"来确定积的位数,算盘左一档无空档,积的位数 = 3+2 = 5(位),得乘积 64,032。

【例 3-6】 45.03×15.7 = 706.97(精确到 0.01,下同)

① 自盘左一档起拨入被乘数 4,503,默记乘数 157(见图 3-14)。

② 用被乘数末位 3 同乘数最高位数字 1 相乘,"三一 03",把被乘数 3 拨去,并在右一档加 3(见图 3-15)。

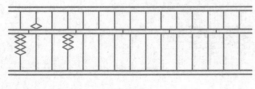

图 3-14

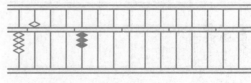

图 3-15

③ 用被乘数末位 3 同乘数 57 相乘,"三五 15""三七 21",从其右一档起,依次加上 15、21(见图 3-16)。

④ 用被乘数倒数第三位 5(中间 0 省略)同乘数最高位 1 相乘,"五一 05",把被乘数 5 拨去,并在其右一档加 5(见图 3-17)。

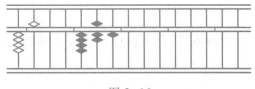

图 3-16

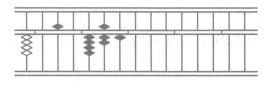

图 3-17

⑤ 用被乘数 5 同乘数的 57 相乘,"五五 25""五七 35",从其右一档起依次加上 25、35(见图 3-18)。

⑥ 用被乘数的最高位 4 同乘数最高位 1 相乘,"四一 04",把被乘数 4 拨去,并在其右一档加 4(见图 3-19)。

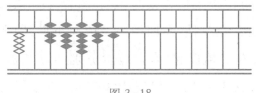

图 3-18

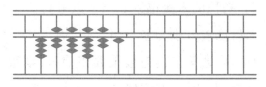

图 3-19

⑦ 用被乘数最高位 4 同乘数 57 相乘,"四五 20""四七 28",从其右一档起依次加上 20、28。根据"位数相加,前空减一"口诀定位,这时算盘左一档为空档,所以,积的位数 = 2+2-1 = 3(位),得乘积 706.971(见图 3-20)。因为需精确到 0.01,故最后结果为 706.97。

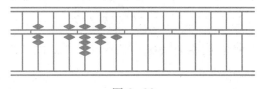

图 3-20

◇ 自我检测

用破头后乘法计算下列各题。

(1) 4,125×63 =

(2) 86.57×514 =

(3) 305×723 =

(4) 29.18×436 =

(5) 473×169 =

(6) 405×1,052 =

(7) 574×23 =

(8) 0.982×37 =

(9) 1,467×36 =

(10) 6,206×260 =

检测提示

活动 3.2.2 前乘法(空盘前乘法)

◇ 基本技能

前乘法可分为空盘前乘法、破头前乘法和减一前乘法等方法。本活动只介绍常用的空盘前乘法。

空盘前乘法是指被乘数和乘数均不入盘,而是直接将乘积拨入盘中。运算时从乘数的首位至末位与被乘数的首位至末位依次相乘。故这种方法称为空盘前乘法。

具体运算方法如下:

(1)乘的顺序。眼看被乘数,默记乘数。用乘数首位依次与被乘数的首位、第二位、第三位……直至末位,逐位相乘。然后用乘数的第二位、第三位……直至末位,依次与被乘数逐位相乘。运算终了,盘面数即为乘积(见图3-21)。

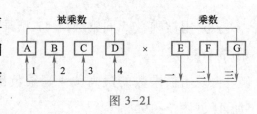

图3-21

(2)乘积的入盘位置。用乘数最高位与被乘数首位至末位相乘时,乘积自盘左一档起依次拨入,入盘位置分别为左一档、左二档,左二档、左三档,左三档、左四档……依次类推,即乘积递位叠加;用乘数第二位与被乘数相乘时,则乘积自盘左二档拨起,入盘位置分别为左二档、左三档,左三档、左四档,左四档、左五档……依次类推;乘数其他各位与被乘数相乘时,方法同上。

(3)定位。用公式定位法定位,即算盘左一档有数,其定位公式为 $m+n$,如果算盘左一档为空档,则其定位公式为 $m+n-1$,即"位数相加,前空减一"。

前乘法

【例3-7】 486×27=13,122

① 眼看被乘数486,默记乘数的最高位数2,用2去乘被乘数的最高位4,"二四08",乘积左一档不拨珠,个位数8拨在左二档上(见图3-22)。

② 用乘数2乘以被乘数86,"二八16""二六12",从前积的个位档起递位叠加16、12(见图3-23)。

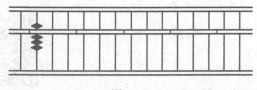

图3-22

图3-23

③ 眼看被乘数486,默记乘数的次位7,用7去乘被乘数的最高位4,"七四28",把乘积的十位2拨在算盘左二档上,个位数8拨在左三档上(见图3-24)。

④ 用乘数7去乘被乘数86,"七八56""七六42",从前积的个位档起递位叠加56、42(见图3-25)。

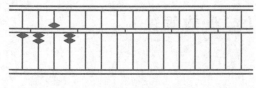

图3-24

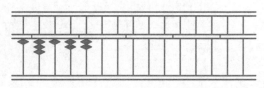

图3-25

⑤ 最后定位。用公式定位法确定积的位数是 3+2=5(位),得乘积13,122。

【例 3-8】　64.59×0.28＝18.09

① 眼看被乘数 6,459,默记乘数的最高位数 2,用 2 去乘被乘数的最高位 6,"二六 12",把乘积的十位数 1 拨在算盘左一档上,2 拨在左二档上(见图 3-26)。

② 用乘数最高位 2 乘以被乘数 459,"二四 08""二五 10""二九 18",从前积的个位递位叠加 08、10、18(见图 3-27)。

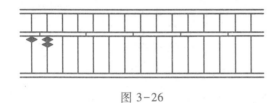
图 3-26

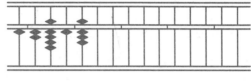
图 3-27

③ 眼看被乘数 6,459,默记乘数 8,用乘数 8 去乘被乘数的最高位 6,"八六 48",把乘积十位数 4 拨在算盘左二档上,8 拨在左三档上(见图 3-28)。

④ 用 8 乘以被乘数 459,"八四 32""八五 40""八九 72",从前积的个位递位叠加 32、40、72(见图 3-29)。

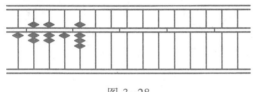
图 3-28

图 3-29

用公式定位法确定积的位数是 2+0＝2(位),得乘积 18.0852,保留两位小数,最后得数为 18.09。

遇到多位数带 0 较多的算题时,易出现差错,因为在运算中"0"要占一档,不拨珠。开始练习时,遇到被乘数中间带一个"0"的,右手向右移一档;遇到第二个"0"的,右手向右移两档,以此类推,运算时要做到"指不离档",这样就能避免差错。

【例 3-9】　5,006×307＝1,536,842

① 眼看被乘数 5,006,默记乘数的最高位 3,用乘数的最高位 3 去乘被乘数的最高位 5,"三五 15",从算盘左一档拨入乘积的十位数 1,左二档拨入个位数 5(见图 3-30)。

② 用乘数最高位 3 去乘被乘数 6(中间的"0"省略不乘,但右手由左二档移到左四档,做到"指不离档"),"三六 18",从左四档起拨入乘积 18(见图 3-31)。

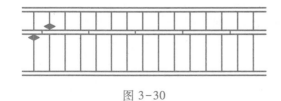
图 3-30

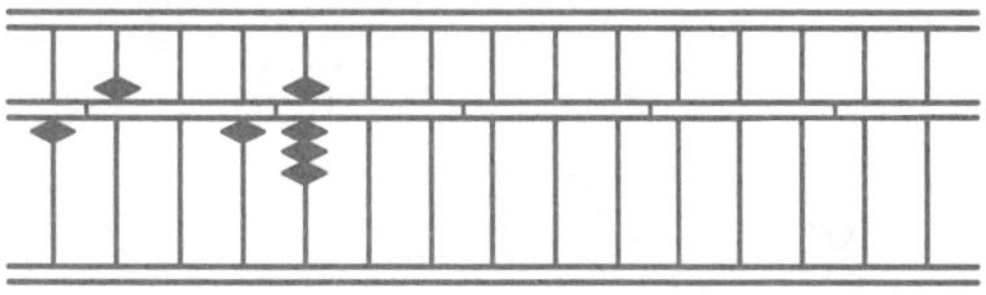

图 3-31

③ 乘数的第二位是 0,0 乘任何数都是 0,可省略不乘。

④ 眼看被乘数 5,006,默记乘数的末位数 7,用乘数的末位数 7 去乘被乘数的最高位 5,"七五 35",自盘左三档起拨入乘积 35(见图 3-32)。

⑤ 用乘数的末位数 7 去乘 6(中间的 0 省略不乘,但右手由左四档移到左六档,做到"指不离档"),"七六 42",自盘左六档起拨入 42(见图 3-33)。

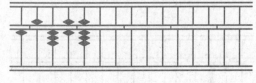 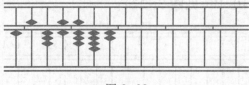

图 3-32   图 3-33

用公式定位法确定积的位数,4+3 = 7(位),得乘积 1,536,842。

◇ 自我检测

用空盘前乘法运算下列各题。

检测提示

(1) 702×96 =

(2) 86.57×514 =

(3) 263×705 =

(4) 521×3.026 =

(5) 8.01×0.94 =

(6) 756×29 =

(7) 1,637×74 =

(8) 304×85 =

(9) 476×917 =

(10) 63.41×0.38 =

任务 3.3　简 捷 乘 法

◇ 学习目标

了解简捷乘法中补数乘法和省乘法的相关概念;
能运用减补数乘法和省乘法进行乘法计算。

为进一步提高乘法运算的计算速度,可以利用乘法的性质、定律及数字的特点,在一定的条件下,简化运算程序,减少拨珠量,从而达到运算既快又准的目的。本任务主要介绍几种常用的简捷乘法。

活动 3.3.1　补 数 乘 法

◇ 基本技能

在乘法运算中,两数相乘,其中有一个因数接近 10^n 时,可以把这个数先凑成 10 的乘方数,利用互补关系,用加减和简单的乘代替繁乘,这种运算方法就是补数乘法。

补数乘法又分为减补数乘法和加补数乘法两部分。减补数乘法以减补数运算为主,加补数运算为辅。本活动主要介绍减补数乘法。

【例 3-10】 $42×996=42×(1,000-4)$
$$=42×1,000-42×4$$

其运算步骤如下:

① 置数。自盘左一档起拨入被乘数 42(见图 3-34)。

② 减积,即减去盘上该因数与另一因数补数之积。减积档位为:凡补数在该因数的第几位,其与另一因数最高位的乘积的十位就在盘左第几档中减去,其个位在十位右一档减去。在本题中补数为 004,由于非零数 4 在该因数的第三位,所以其与另一因数 42 的乘积(42×4 = 168)就从盘左三档起减去,得其积数为 41,832(见图 3-35)。

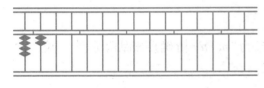
图 3-34

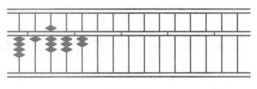
图 3-35

③ 经定位,得数为 41,832。

【例 3-11】 $1,324×998=1,324×(1,000-2)$
$$=1,324×1,000-1,324×2$$

其运算步骤如下:

① 置数。自盘左一档起拨入被乘数 1,324(见图 3-36)。

② 减积。本题补数为 0002,由于非零数 2 在该因数的第四位,所以其与另一个因数 1,324 的乘积(1,324×2 = 2,648),就从盘左四档起减去,得积数为 1,321,352(见图 3-37)。

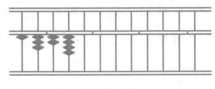
图 3-36

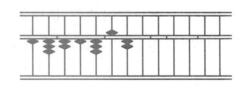
图 3-37

③ 经定位,得数为 1,321,352。

◇ 自我检测

用减补数乘法计算下列各题。

(1) 12×97 =

(2) 34×9 =

检测提示

93

（3）23×996＝

（4）1,342×998＝

（5）2,432×9,999＝

活动 3.3.2　省　乘　法

◇ 基本技能

省乘法亦称省略乘法、截尾乘法。它是根据近似计算的原理，在运算小数乘法时，把计算截止在不影响精确度的档次，把没有作用的计算步骤省略，达到既提高计算效率又不影响精确度的目的。

其计算方法和步骤如下：

先用截位公式求所需计算的位数码。截位公式为"$m+n+$精确度+保险系数 1 位"。

运用截位公式一般结合固定个位档定位法进行。

第一步，先在盘上固定个位档。

第二步，被乘数按 $m+n$ 定出的位数，按固定个位档法拨入盘中。在个位后面留出小数点数码，再加 1 位保险系数，截留位码后，其末位定为压尾档（又称截止档），压尾档下一档的被乘数，按"四舍五入"进行取舍，其后被乘数全部舍去。

第三步，用不隔位基本乘法运算，计算时一律算到压尾档的下档为止，应拨在压尾档下档的积数，按"四舍五入"进行取舍，以下乘积全部舍去。

【例 3-12】　7.842675×6.19382＝48.58（准确到 0.01）

① 被乘数按 $m+n$ 定出的位数，按固定个位档法拨入盘中。1+1＝2，被乘数按"+2"位入盘，在个位后面留出小数点数码两位，再加 1 位保险系数，截留位码后，其末位定为压尾档，这样被乘数 7.842675 按 78.427 入盘，其余舍去。本题中用▼表示个位档，用▽表示压尾档（见图 3-38）。

② 被乘数末位 7 乘以乘数首位 6，"七六 42"，被乘数末位 7 改为 4，压尾档下档 2 舍去，乘数 6 以下可不再乘了，盘面数为 78,424（见图 3-39）。

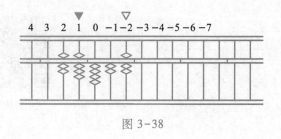

图 3-38

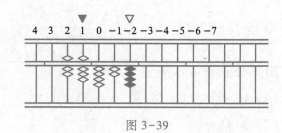

图 3-39

③ 被乘数的倒数第二位 2 乘以乘数 61，"二六 12""二一 02"，压尾档下档数 2 舍去，盘面数为 78,416（见图 3-40）。

④ 被乘数倒数第三位 4 乘以乘数 619，"四六 24""四一 04""四九 36"，压尾档下档数 6 进上来，盘面数为 78,264（见图 3-41）。

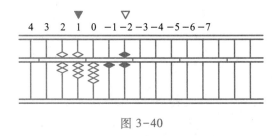

图 3-40

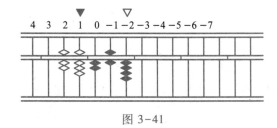

图 3-41

⑤ 被乘数倒数第四位 8 乘以乘数 6,193，"八六 48""八一 08""八九 72""八三 24"，压尾档下档数 4 舍去，盘面数为 75,218（见图 3-42）。

⑥ 被乘数首位数 7 乘以乘数 61,938 即可，"七六 42""七一 07""七九 63""七三 21""七八 56"，压尾档下档数 6 进上来，得积数 48,575（见图 3-43）。

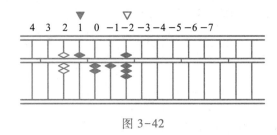

图 3-42

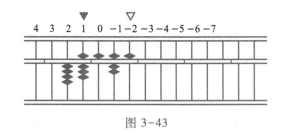

图 3-43

⑦ 保留两位小数，最后得数为 48.58。

【例 3-13】 53.87×5.782＝311.48（准确到 0.01）

省乘法也可以用空盘前乘法进行运算。方法如下：

① 用固定个位档法确定小数点，方法同上。

② 确定被乘数与乘数首位乘积的十位数的入盘档次。被乘数与乘数首位乘积的十位数入盘档次＝被乘数的位数+乘数的位数＝m+n，本题中为 2+1＝3。

③ 用空盘前乘法运算拨入算盘，运算截止到截止档的下一位，该位做四舍五入处理。乘数首位 5 乘以被乘数 5,387，从算盘正三档起加，盘面数为 26,935（见图 3-44）。

④ 乘数次位 7 乘以 5,387，从算盘正二档起加积，得积数为 307,059（见图 3-45）。

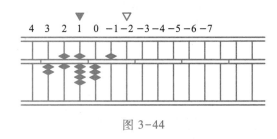

图 3-44

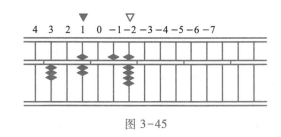

图 3-45

⑤乘数第三位 8 乘以 5,387,从算盘正一档起加积,乘到"八七 56",压尾档下档数 6 进上来,盘面数为 311,369(见图 3-46)。

⑥乘数第四位 2 乘以 5,387,从算盘的 0 档开始加积,乘到"二八 16"的 6 进上来,后面就不用再乘了,盘上数为 311,477(见图 3-47)。

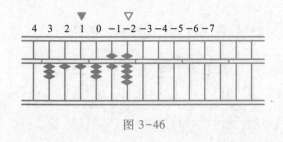

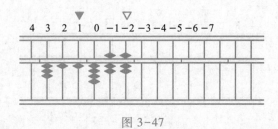

图 3-46   图 3-47

⑦截止档上的数四舍五入后,得积 311.48。

◇自我检测

检测提示

用省乘法计算下列各题(精确到 0.01)。

(1) 0.8203×0.547 =　　　　　　　(2) 8.03961×5.126 =

(3) 7.4516×0.0823 =　　　　　　　(4) 0.0927×4.5016 =

(5) 0.1496×0.0823 =

任务 3.4　珠、心算结合乘法

◇学习目标

了解一口清运算法和双九九乘法的计算方法;
能熟记双九九口诀。

为了减少拨珠动作,提高运算速度,突破人的手指拨珠频率的局限性,珠算界提出了心算和珠算相结合的一些先进算法。

活动 3.4.1　一口清珠、心算结合乘法

◇基本技能

一口清珠、心算结合乘法是根据乘法九九口诀表中 2~9 倍乘积的个位和进位规律进行乘

法运算的一种速算方法。其运算的关键是掌握多位数乘以一位数的心算方法。

一、个位规律(取九九乘法表中的个位数)

个位规律表见表3-2。自倍是指自身加倍;取个是指取个位数;补倍是指补数加倍;凑是指凑数,两个一位数之和等于5或15,称互为凑数,共五对,即1和4、2和3、5和0、6和9、7和8;±5是指经过心算,被乘数变化后要加5或减5,小于5时加5,大于5时减5。

表3-2 个位规律表

乘数	被乘数										个位规律
	0	1	2	3	4	5	6	7	8	9	
2	0	2	4	6	8	0	2	4	6	8	自倍取个
3	0	3	6	9	2	5	8	1	4	7	偶补倍,奇补倍±5
4	0	4	8	2	6	0	4	8	2	6	偶补奇凑
5	0	5	0	5	0	5	0	5	0	5	偶0奇5
6	0	6	2	8	4	0	6	2	8	4	偶自身,奇自身±5
7	0	7	4	1	8	5	2	9	6	3	偶自倍,奇自倍±5
8	0	8	6	4	2	0	8	6	4	2	补自倍取个
9	0	9	8	7	6	5	4	3	2	1	自身补救

二、进位规律

进位规律表见表3-3。"满"指"大于"或"等于";"超"指大于;"n"指循环n,循环数无论有几位(包括只有一位的),均以循环数后边的异数大小来判断超或不超,超则按进位数进,不超则用进位数减去1再进。

表3-3 进位规律表

乘数	进位规律		
2	满5进1		
3	超3进1	超6进2	
4	满25进1	满5进2	满75进3
5	满2进1 满4进2 满6进3 满8进4		满偶进半

乘数	进位规律
6	超 16 进 1　　超 3 进 2 满 5 进 3　　超 6 进 4　　满 83 进 5
7	超 142857 进 1　　超 285714 进 2 超 428571 进 3　　超 571428 进 4 超 714285 进 5　　超 857142 进 6
8	满 125 进 1　　满 25 进 2 满 375 进 3　　满 5 进 4 满 625 进 5　　满 75 进 6　　满 875 进 7
9	超循环几则进几,即超 n 进 n。$1 \leqslant n \leqslant 8$

根据乘法规律,多位数乘以一位数时,积的个位数字都是由本个乘积的个位数和后位乘积的进位数组成的,这就是"本个"(即本个乘积的个位数)加"后进"(即后位乘积的进位数),满 10 只取和的个位数,就是积的个位数。

【例 3-14】　$736 \times 4 = 2,944$

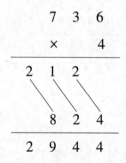

根据多位数乘以一位数乘法速算法要求,从高位算起,乘前先补"0",提前进位,"本个加后进,去十取个"。

(一)乘数是 2

1~9 分别乘以 2,乘积见表 3-4。

表 3-4　1~9 分别乘以 2 的乘积表

被乘数	1	2	3	4	5	6	7	8	9
积数	2	4	6	8	10	12	14	16	18

一个数乘以 2,就是每个数自身相加的个位数。当 5~9 乘以 2 时,都进"1"。其规律是:"自倍取个,满 5 进 1"。

【例3-15】 4,357×2=8,714

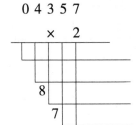

0 4 3 5 7

　　× 2

看0的后位4,无进位数,不写

算4加自身得8;看后位3,无进位数,写8

算3,加自身得6;看后位5,满5进1,6+1=7;写7

算5,加自身得0;看后位7,满5进1;0+1=1;写1

算7,加自身"取个"(即乘积的个位数)得4,写4

（二）乘数是3

1~9分别乘以3,乘积见表3-5。

表3-5　1~9分别乘以3的乘积表

被乘数	1	2	3	4	5	6	7	8	9
积数	3	6	9	12	15	18	21	24	27

3的个位规律可利用乘法口诀直接取积的个位数。

3的进位规律是:"超3进1,超6进2"。

【例3-16】 258×3=774

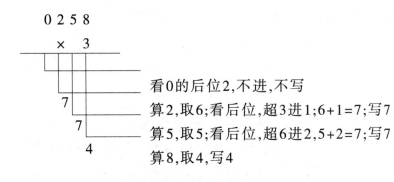

0 2 5 8

　　× 3

看0的后位2,不进,不写

算2,取6;看后位,超3进1;6+1=7;写7

算5,取5;看后位,超6进2,5+2=7;写7

算8,取4,写4

（三）乘数是4

1~9分别乘以4,乘积见表3-6。

表3-6　1~9分别乘以4的乘积表

被乘数	1	2	3	4	5	6	7	8	9
积数	4	8	12	16	20	24	28	32	36

从表3-6中积的个位数发现:1、3、5乘以4的积,积的个位数正是被乘数的"凑数";2、4、6、8乘以4的积,积的个位数正是被乘数的"补数";7、9乘以4的积,积的个位数正是被乘数减

5 的"补数"。所以 4 的个位规律是:偶是补,1、3、5 是凑,遇到 7 和 9,减 5 再找补。4 的进位规律(有的要看后两位)是:"满 25 进 1,满 5 进 2,满 75 进 3"。

【例 3-17】 9,436×4＝37,744

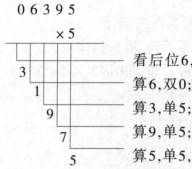

　　　 0 9 4 3 6
　　　　　 ×4
3 ─── 看 0 的后位 9,满 75 进 3,写 3
7 ─── 算 9,减 5 找补 6;看后位 4,满 25 进 1,6+1＝7;写 7
7 ─── 算 4,双找补 6;看后位 3,满 25 进 1,6+1＝7;写 7
4 ─── 算 3,单找凑 2;看后位 6,满 5 进 2,2+2＝4;写 4
4 ─── 算 6,双找补 4,写 4

（四）乘数是 5

1~9 分别乘以 5,乘积见表 3-7。

表 3-7　1~9 分别乘以 5 的乘积表

被乘数	1	2	3	4	5	6	7	8	9
积数	5	10	15	20	25	30	35	40	45

单数乘以 5,"本个"都是 5;双数乘以 5,"本个"都是 0。所以 5 的个位规律是"单 5 双 0"。5 的进位规律是:"满 2 进 1,满 4 进 2,满 6 进 3,满 8 进 4"。

【例 3-18】 6,395×5＝31,975

　　　 0 6 3 9 5
　　　　　 ×5
3 ─── 看后位 6,满 6 进 3,写 3
1 ─── 算 6,双 0;看后位 3,满 2 进 1,0+1＝1;写 1
9 ─── 算 3,单 5;看后位 9,满 8 进 4,5+4＝9;写 9
7 ─── 算 9,单 5;看后位 5,满 4 进 2,5+2＝7;写 7
5 ─── 算 5,单 5,写 5

（五）乘数是 6

1~9 分别乘以 6,乘积见表 3-8。

表 3-8　1~9 分别乘以 6 的乘积表

被乘数	1	2	3	4	5	6	7	8	9
积数	6	12	18	24	30	36	42	48	54

从表 3-8 中积的个位数发现:乘数 6 与偶数相乘时,其乘积的个位数恰是被乘数;而乘数 6 与奇数相乘时,其乘积的个位数恰是被乘数加(或减)5。所以 6 的个位规律是:"偶不变,奇加(或减)5"。6 的进位规律是:"超 16 进 1,超 3 进 2,满 5 进 3,超 6 进 4,超 83 进 5"。

【例 3-19】 5,436×6=32,616

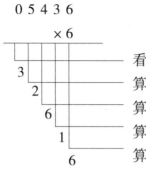

看后位,满5进3,写3
算5,取0;看后位4,超3进2,0+2=2;写2
算4,取4;看后位3,超3进2,4+2=6;写6
算3,取8;看后位6,满5进3,8+3=11;写1
算6,取6,写6

（六）乘数是 7

1~9 分别乘以 7,乘积见表 3-9。

表 3-9　1~9 分别乘以 7 的乘积表

被乘数	1	2	3	4	5	6	7	8	9
积数	7	14	21	28	35	42	49	56	63

从表 3-9 中积的个位数发现:乘数 7 与偶数相乘时,其乘积的个位数恰是被乘数的两倍取个,如 8×7=56,8 加倍是 16,去十取个,6 和积数 56 的个位数 6 相同;乘数 7 与奇数相乘时,其乘积的个位数恰是被乘数加倍后再加 5 的个位数,如 7×7=49,7 加倍是 14,14+5=19,去十取个,9 和 9 相同。所以 7 的个位规律是:"偶加倍;奇加倍,再加 5"。7 的进位规律是:"超 142857 进 1,超 285714 进 2,超 428571 进 3,超 571428 进 4,超 714285 进 5,超 857142 进 6"。

【例 3-20】 8,764×7=61,348

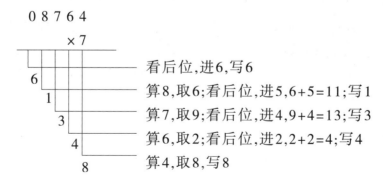

看后位,进6,写6
算8,取6;看后位,进5,6+5=11;写1
算7,取9;看后位,进4,9+4=13;写3
算6,取2;看后位,进2,2+2=4;写4
算4,取8,写8

（七）乘数是 8

1~9 分别乘以 8,乘积见表 3-10。

表 3-10　1~9 分别乘以 8 的乘积表

被乘数	1	2	3	4	5	6	7	8	9
积数	8	16	24	32	40	48	56	64	72

从表 3-10 中积的个位数发现:乘数 8 与被乘数相乘时,其乘积的个位数恰是被乘数加倍的补数,如 2×8＝16,2 加倍是 4,4 的补数是 6。所以 8 的个位规律是:"倍补"。8 的进位规律是:"满 125 进 1,满 25 进 2,满 375 进 3,满 5 进 4,满 625 进 5,满 75 进 6,满 875 进 7"。

【例 3-21】　2,759×8＝22,072

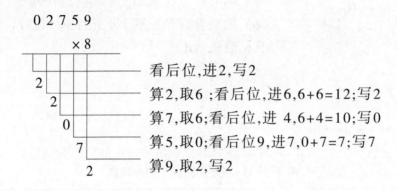

```
        0 2 7 5 9
            × 8
```
看后位,进2,写2
算2,取6;看后位,进6,6+6=12;写2
算7,取6;看后位,进 4,6+4=10;写0
算5,取0;看后位9,进7,0+7=7;写7
算9,取2,写2

（八）乘数是 9

1~9 分别乘以 9,乘积见表 3-11。

表 3-11　1~9 分别乘以 9 的乘积表

被乘数	1	2	3	4	5	6	7	8	9
积数	9	18	27	36	45	54	63	72	81

从表 3-11 中积的个位数发现:乘数 9 与被乘数相乘时,其乘积的个位数恰是被乘数的补数,如 2×9＝18,2 的补数是 8。所以 9 的个位规律是:"全补"。9 的进位规律是"超几进几"。

【例 3-22】　6,391×9＝57,519

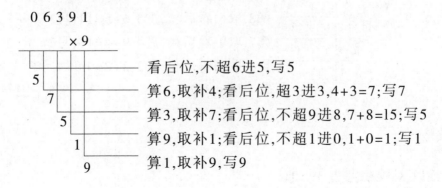

```
        0 6 3 9 1
            × 9
```
看后位,不超6进5,写5
算6,取补4;看后位,超3进3,4+3=7;写7
算3,取补7;看后位,不超9进8,7+8=15;写5
算9,取补1;看后位,不超1进0,1+0=1;写1
算1,取补9,写9

如果能熟练地掌握 2~9 倍的个位和进位规律,在多位数乘算中,就能边算边得数,逐位脱口得出积数,做到俗称的"一口清",大大提高运算速度。

现用算盘图式举例说明如下:

【例 3-23】 4,862×51,893=252,303,766

采用空盘前乘法,将逐位的乘积通过心算"一口清"拨入算盘相加后,即得所求的积数。

心算逐位拨入算盘

2 4 3 1 0(04862×5)

  0 4 8 6 2(04862×1)

    3 8 8 9 6(04862×8)

      4 3 7 5 8(04862×9)

        1 4 5 8 6(04862×3)

—————————————————————————

2 5 2 3 0 3 7 6 6(见图 3-48)。

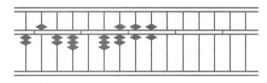

图 3-48

公式定位:4+5=9 位,则积为 252,303,766。

检测提示

◇自我检测

用一口清运算法计算下表。

乘数	被乘数			
	196	825	2,719	90,528
2				
3				
4				
5				
6				
7				
8				
9				

活动 3.4.2 双九九珠、心算结合乘法

◇基本技能

大九九口诀只是两个一位数相乘的乘积编成的口诀,在进行乘算时,其运算速度将受到一定限制。若把 11~99 之间的两位数和 2~9 倍的乘积编成口诀,结合心算进行,则运算速度能成倍提高。这种口诀就叫"双九九"口诀,或称"九九九"口诀。采用"双九九"口诀进行乘算,就叫"双九九乘法",或称"九九九乘法"。

一、双九九(或九九九)口诀表(见表 3-12)

表 3-12　双九九乘法口诀

被乘数	乘数							
	二	三	四	五	六	七	八	九
11	11 二 022	11 三 033	11 四 044	11 五 055	11 六 066	11 七 077	11 八 088	11 九 099
12	12 二 024	12 三 036	12 四 048	12 五 060	12 六 072	12 七 084	12 八 096	12 九 108
13	13 二 026	13 三 039	13 四 052	13 五 065	13 六 078	13 七 091	13 八 104	13 九 117
14	14 二 028	14 三 042	14 四 056	14 五 070	14 六 084	14 七 098	14 八 112	14 九 126
15	15 二 030	15 三 045	15 四 060	15 五 075	15 六 090	15 七 105	15 八 120	15 九 135
16	16 二 032	16 三 048	16 四 064	16 五 080	16 六 096	16 七 112	16 八 128	16 九 144
17	17 二 034	17 三 051	17 四 068	17 五 085	17 六 102	17 七 119	17 八 136	17 九 153
18	18 二 036	18 三 054	18 四 072	18 五 090	18 六 108	18 七 126	18 八 144	18 九 162
19	19 二 038	19 三 057	19 四 076	19 五 095	19 六 114	19 七 133	19 八 152	19 九 171
21	21 二 042	21 三 063	21 四 084	21 五 105	21 六 126	21 七 147	21 八 168	21 九 189
22	22 二 044	22 三 066	22 四 088	22 五 110	22 六 132	22 七 154	22 八 176	22 九 198
23	23 二 046	23 三 069	23 四 092	23 五 115	23 六 138	23 七 161	23 八 184	23 九 207
24	24 二 048	24 三 072	24 四 096	24 五 120	24 六 144	24 七 168	24 八 192	24 九 216
25	25 二 050	25 三 075	25 四 100	25 五 125	25 六 150	25 七 175	25 八 200	25 九 225
26	26 二 052	26 三 078	26 四 104	26 五 130	26 六 156	26 七 182	26 八 208	26 九 234
27	27 二 054	27 三 081	27 四 108	27 五 135	27 六 162	27 七 189	27 八 216	27 九 243
28	28 二 056	28 三 084	28 四 112	28 五 140	28 六 168	28 七 196	28 八 224	28 九 252
29	29 二 058	29 三 087	29 四 116	29 五 145	29 六 174	29 七 203	29 八 232	29 九 261
31	31 二 062	31 三 093	31 四 124	31 五 155	31 六 186	31 七 217	31 八 248	31 九 279

被乘数	乘数							
	二	三	四	五	六	七	八	九
32	32 二 064	32 三 096	32 四 128	32 五 160	32 六 192	32 七 224	32 八 256	32 九 288
33	33 二 066	33 三 099	33 四 132	33 五 165	33 六 198	33 七 231	33 八 264	33 九 297
34	34 二 068	34 三 102	34 四 136	34 五 170	34 六 204	34 七 238	34 八 272	34 九 306
35	35 二 070	35 三 105	35 四 140	35 五 175	35 六 210	35 七 245	35 八 280	35 九 315
36	36 二 072	36 三 108	36 四 144	36 五 180	36 六 216	36 七 252	36 八 288	36 九 324
37	37 二 074	37 三 111	37 四 148	37 五 185	37 六 222	37 七 259	37 八 296	37 九 333
38	38 二 076	38 三 114	38 四 152	38 五 190	38 六 228	38 七 266	38 八 304	38 九 342
39	39 二 078	39 三 117	39 四 156	39 五 195	39 六 234	39 七 273	39 八 312	39 九 351
41	41 二 082	41 三 123	41 四 164	41 五 205	41 六 246	41 七 287	41 八 328	41 九 369
42	42 二 084	42 三 126	42 四 168	42 五 210	42 六 252	42 七 294	42 八 336	42 九 378
43	43 二 086	43 三 129	43 四 172	43 五 215	43 六 258	43 七 301	43 八 344	43 九 387
44	44 二 088	44 三 132	44 四 176	44 五 220	44 六 264	44 七 308	44 八 352	44 九 396
45	45 二 090	45 三 135	45 四 180	45 五 225	45 六 270	45 七 315	45 八 360	45 九 405
46	46 二 092	46 三 138	46 四 184	46 五 230	46 六 276	46 七 322	46 八 368	46 九 414
47	47 二 094	47 三 141	47 四 188	47 五 235	47 六 282	47 七 329	47 八 376	47 九 423
48	48 二 096	48 三 144	48 四 192	48 五 240	48 六 288	48 七 336	48 八 384	48 九 432
49	49 二 098	49 三 147	49 四 196	49 五 245	49 六 294	49 七 343	49 八 392	49 九 441
51	51 二 102	51 三 153	51 四 204	51 五 255	51 六 306	51 七 357	51 八 408	51 九 459
52	52 二 104	52 三 156	52 四 208	52 五 260	52 六 312	52 七 364	52 八 416	52 九 468
53	53 二 106	53 三 159	53 四 212	53 五 265	53 六 318	53 七 371	53 八 424	53 九 477
54	54 二 108	54 三 162	54 四 216	54 五 270	54 六 324	54 七 378	54 八 432	54 九 486
55	55 二 110	55 三 165	55 四 220	55 五 275	55 六 330	55 七 385	55 八 440	55 九 495
56	56 二 112	56 三 168	56 四 224	56 五 280	56 六 336	56 七 392	56 八 448	56 九 504
57	57 二 114	57 三 171	57 四 228	57 五 285	57 六 342	57 七 399	57 八 456	57 九 513
58	58 二 116	58 三 174	58 四 232	58 五 290	58 六 348	58 七 406	58 八 464	58 九 522
59	59 二 118	59 三 177	59 四 236	59 五 295	59 六 354	59 七 413	59 八 472	59 九 531
61	61 二 122	61 三 183	61 四 244	61 五 305	61 六 366	61 七 427	61 八 488	61 九 549
62	62 二 124	62 三 186	62 四 248	62 五 310	62 六 372	62 七 434	62 八 496	62 九 558

被乘数	乘数							
	二	三	四	五	六	七	八	九
63	63 二 126	63 三 189	63 四 252	63 五 315	63 六 378	63 七 441	63 八 504	63 九 567
64	64 二 128	64 三 192	64 四 256	64 五 320	64 六 384	64 七 448	64 八 512	64 九 576
65	65 二 130	65 三 195	65 四 260	65 五 325	65 六 390	65 七 455	65 八 520	65 九 585
66	66 二 132	66 三 198	66 四 264	66 五 330	66 六 396	66 七 462	66 八 528	66 九 594
67	67 二 134	67 三 201	67 四 268	67 五 335	67 六 402	67 七 469	67 八 536	67 九 603
68	68 二 136	68 三 204	68 四 272	68 五 340	68 六 408	68 七 476	68 八 544	68 九 612
69	69 二 138	69 三 207	69 四 276	69 五 345	69 六 414	69 七 483	69 八 552	69 九 621
71	71 二 142	71 三 213	71 四 284	71 五 355	71 六 426	71 七 497	71 八 568	71 九 639
72	72 二 144	72 三 216	72 四 288	72 五 360	72 六 432	72 七 504	72 八 576	72 九 648
73	73 二 146	73 三 219	73 四 292	73 五 365	73 六 438	73 七 511	73 八 584	73 九 657
74	74 二 148	74 三 222	74 四 296	74 五 370	74 六 444	74 七 518	74 八 592	74 九 666
75	75 二 150	75 三 225	75 四 300	75 五 375	75 六 450	75 七 525	75 八 600	75 九 675
76	76 二 152	76 三 228	76 四 304	76 五 380	76 六 456	76 七 532	76 八 608	76 九 684
77	77 二 154	77 三 231	77 四 308	77 五 385	77 六 462	77 七 539	77 八 616	77 九 693
78	78 二 156	78 三 234	78 四 312	78 五 390	78 六 468	78 七 546	78 八 624	78 九 702
79	79 二 158	79 三 237	79 四 316	79 五 395	79 六 474	79 七 553	79 八 632	79 九 711
81	81 二 162	81 三 243	81 四 324	81 五 405	81 六 486	81 七 567	81 八 648	81 九 729
82	82 二 164	82 三 246	82 四 328	82 五 410	82 六 492	82 七 574	82 八 656	82 九 738
83	83 二 166	83 三 249	83 四 332	83 五 415	83 六 498	83 七 581	83 八 664	83 九 747
84	84 二 168	84 三 252	84 四 336	84 五 420	84 六 504	84 七 588	84 八 672	84 九 756
85	85 二 170	85 三 255	85 四 340	85 五 425	85 六 510	85 七 595	85 八 680	85 九 765
86	86 二 172	86 三 258	86 四 344	86 五 430	86 六 516	86 七 602	86 八 688	86 九 774
87	87 二 174	87 三 261	87 四 348	87 五 435	87 六 522	87 七 609	87 八 696	87 九 783
88	88 二 176	88 三 264	88 四 352	88 五 440	88 六 528	88 七 616	88 八 704	88 九 792
89	89 二 178	89 三 267	89 四 356	89 五 445	89 六 534	89 七 623	89 八 712	89 九 801
91	91 二 182	91 三 273	91 四 364	91 五 455	91 六 546	91 七 637	91 八 728	91 九 819
92	92 二 184	92 三 276	92 四 368	92 五 460	92 六 552	92 七 644	92 八 736	92 九 828
93	93 二 186	93 三 279	93 四 372	93 五 465	93 六 558	93 七 651	93 八 744	93 九 837

被乘数	乘数							
	二	三	四	五	六	七	八	九
94	94 二 188	94 三 282	94 四 376	94 五 470	94 六 564	94 七 658	94 八 752	94 九 846
95	95 二 190	95 三 285	95 四 380	95 五 475	95 六 570	95 七 665	95 八 760	95 九 855
96	96 二 192	96 三 288	96 四 384	96 五 480	96 六 576	96 七 672	96 八 768	96 九 864
97	97 二 194	97 三 291	97 四 388	97 五 485	97 六 582	97 七 679	97 八 776	97 九 873
98	98 二 196	98 三 294	98 四 392	98 五 490	98 六 588	98 七 686	98 八 784	98 九 882
99	99 二 198	99 三 297	99 四 396	99 五 495	99 六 594	99 七 693	99 八 792	99 九 891

口诀表栏中的第一、二字是被乘数,用阿拉伯数字表示;第三字是乘数,用中文数字表示;第四、五、六字是乘积,也用阿拉伯数字表示。积不足三位数的,添"0"补成三位数,以防止加错档位。应用时,也可颠倒被乘数和乘数的位置,改成一位数乘二位数的口诀。例如,57×8,读作57 八 456;8×57,也可读为 8 五七 456。

二、两位合并乘法

以空盘前乘法用双九九口诀运算(下同),举例图示说明如下:

【例3-24】 75×837=62,775

① 从算盘左一档起拨入 75 八 600(见图3-49)。

② 从算盘左二档起拨入 75 三 225(见图3-50)。

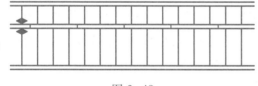 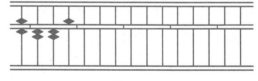

图3-49　　　　　　　　　　　　图3-50

③ 从算盘左三档起拨入 75 七 525(见图3-51)。

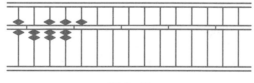

图3-51

公式定位:2+3=5,则积为 62,775。

【例3-25】 4,529×3,617=16,381,393

被乘数 4,529,可分为 45 和 29 两段运算。

① 计算第一段 45×3,617。

从算盘左一档起递位叠加,45 三 135、45 六 270、45 一 045、45 七 315(见图 3-52)。

② 计算第二段 29×3,617。

从算盘左三档起递位叠加,29 三 087、29 六 174、29 一 029、29 七 203(见图 3-53)。

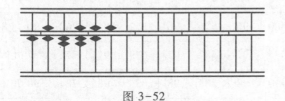

图 3-52

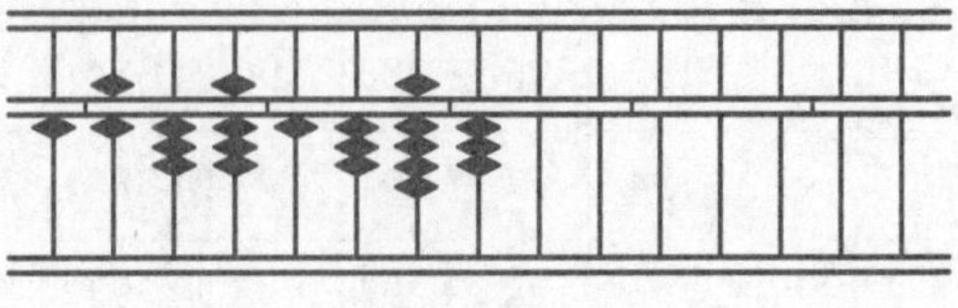

图 3-53

公式定位:4+4=8,则积为:16,381,393。

三、多位合并法

为了进一步提高乘算速度,在熟练掌握双九九乘法口诀后,就可练习多位合并乘算。例如,528×7,原可分为 52 和 8 乘七两段,应用 52 七 364 和 8 七 56 两句口诀。若把这两句口诀联结起来,合成 528 七 3,696,就成为被乘数三位数乘一位数的口诀了。又如,3,794×6,就可把 37 六 222 和 94 六 564 两句口诀联结起来合成 3,794 六 22,764,成为被乘数四位数乘一位数的口诀。在联结合成另一句口诀时,一般采用叠接的办法,即将第一句口诀的最后一个数字与第二句口诀的第一个数字叠加。但当第二句口诀的第一个数字是 0 时,就会出现顺接和跳接的情况。例如,8,919×5,把 89 五 445 和 19 五 095 两句口诀联结起来时,由于第二句口诀 19 五 095 的乘积的第一个数字是 0,只要将两句口诀顺接起来,合成 8,919 五 44,595;又如,6,521×4,把 65 四 260 和 21 四 084 两句口诀联结起来时,由于 65 四 260 的最后一个数字是 0,而 21 四 084 的第一个数字是 0,两句口诀联结起来,合成 6,521 四 26,084,就出现跳接。因此,在联结两句口诀合成一句口诀时,必须注意应顺接还是跳接,以免出现差错。

【例 3-26】 4,738×2,956=14,005,528

4,738 分成 47 和 38 两段,分别合成四位数的口诀为:4,738 二 09,476;4,738 九 42,642;4,738 五 23,690;4,738 六 28,428。

① 从算盘左一档起拨入 4,738 二 09,476(见图 3-54)。

② 从算盘左二档起拨入 4,738 九 42,642(见图 3-55)。

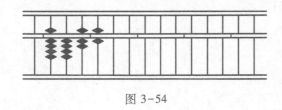

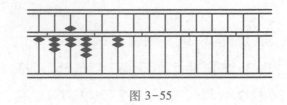

图 3-54

图 3-55

③ 从算盘左三档起拨入 4,738 五 23,690（见图 3-56）。

④ 从算盘左四档起拨入 4,738 六 28,428（见图 3-57）。

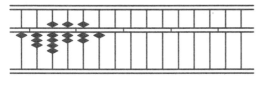

图 3-56

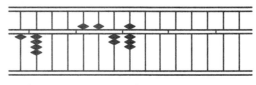

图 3-57

公式定位:4+4=8,则积为 14,005,528。

◇ 自我检测

检测提示

用双九九乘法计算:

（1）18×27＝

（2）34×56＝

（3）59×73＝

（4）37×9＝

（5）26×45＝

（6）26×179＝

（7）49×526＝

（8）35×192＝

（9）1,509×41＝

（10）6,593×47＝

单元 4
珠算除法

除法是乘法的逆运算，是求一个数被另一个数（非零的数）来分，能够分多少等份的一种计算方法。珠算除法和珠算乘法都是使用大九九口诀拨珠计算，乘法是运用大九九口诀得出的数进行递位叠加，而除法则是运用大九九口诀得出的数进行递位叠减。除法算式表示为：被除数÷除数=商数。

本单元中，主要讲述商的定位方法、商除法。通过学习学生会用大九九口诀心算估商，力求准确，能运用商除法进行除法计算。

任务 4.1 珠算除法定位

◇学习目标

理解珠算除法原理；

会进行商的定位。

在珠算除法中,准确地给商定位是非常重要的环节,如果定位不准,结果将会出错。常用的珠算除法的定位方法有公式定位法和固定个位档定位法。

活动 4.1.1 珠算除法原理与公式定位法

◇基本技能

一、珠算除法原理

（一）除法的种类

除法是指求一个数可以被另一个数(不为 0)分成多少份的一种计算方法。

以 a 表示被除数,b 表示除数,c 表示商数,

则除法可用下列公式表示:$a \div b = c$

除法与乘法互为逆运算。即:$c \times b = a$

珠算除法的种类很多,按照估商方法的不同,可以分为归除法和商除法;按照立商的档位不同,又可以分为隔位除法和不隔位除法。

按照商除法的估商方法、归除法的置商及减积法则来进行运算的一种既快又准的珠算除法被称为不隔位除法。

（二）除法的运算顺序

除法的运算顺序是:将被除数按要求布入算盘,然后采用大九九口诀,从左到右,先从被除数的首位数除起,逐位迭减试商与除数的乘积,依次除至末位数,计算出得数。

（三）除法口诀

除法是乘法的逆运算,在商除法下,可以按照乘法大九九口诀估商。

珠算除法的
运用

113

二、公式定位法

公式定位法是通过比较被除数与除数的位数的多少和最高位数字的大小来确定商数位数的一种方法。此法应用广泛,又称通用定位法。其具体内容是:

（一）基本方法

以 m 表示被除数的位数,n 表示除数的位数,j 表示商的位数,则商的位数可用下列公式表示:

$$j=m-n\cdots\cdots\cdots① \qquad j=m-n+1\cdots\cdots\cdots②$$

那么,在什么情况下用公式①,在什么情况下用公式②呢？请看下面两组例题:

第一组:$63\div7=9$ （+2）位－（+1）位＝（+1）位

    $0.028\div0.7=0.04$ （－1）位－（0）位＝（－1）位

    $9,506\div98=97$ （+4）位－（+2）位＝（+2）位

第二组:$63\div3=21$ （+2）位－（+1）位+1＝（+2）位

    $0.084\div0.04=2.1$ （－1）位－（－1）位+1＝（+1）位

    $121\div11=11$ （+3）位－（+2）位+1＝（+2）位

上例中第一组用公式①,第二组用公式②。用哪一个公式进行定位可用比较法进行判断。

（1）当被除数最高位数字小于除数最高位数字时,用公式①定位,即商的位数为被除数位数与除数位数之差。如 $63\div7=9$,被除数最高位数字 6 小于除数最高位数字 7,用公式① $j=m-n$ 定位,故商的位数为+1 位。

（2）当被除数最高位数字大于或等于（一位数除法）除数最高位数字时,用公式②定位,即商的位数为被除数位数与除数位数之差再加 1。如 $0.084\div0.04=2.1$,被除数最高位数字 8 大于除数最高位数字 4,用公式② $j=m-n+1$ 定位,故商的位数为+1 位。

（3）当被除数最高位数字与除数最高位数字相同时,可比较它们的次高位数字。若被除数次高位数字小于除数次高位数字时,用公式① $j=m-n$ 定位,如 $9,506\div98=97$,被除数与除数最高位数字相同,均为 9,则比较它们的次高位数字,被除数次高位数字 5 小于除数次高位数字 8,故商的位数为+2 位;若被除数次高位数字大于除数次高位数字时,用公式② $j=m-n-1$ 定位,如 $121\div11=11$,被除数与除数最高位数字相同,均为 1,因被除数次高位数字 2 大于除数次高位数字 1,故商的位数为+2 位。如次高位数字也相同,则比较第三位数字,方法同上,依次类推。

总之,运用公式定位法确定商的位数时,一般分为两步:

第一步:确定被除数与除数的位数。

第二步,确定被除数最高位数字与除数最高位数字的大小,若被除数最高位数字小,则用

114

公式①$j=m-n$ 定位;若被除数最高位数字大,则用公式②$j=m-n+1$ 定位。

（二）盘上定位法

盘上定位法是除法公式定位法在算盘上的具体运用。其方法是:用隔位商除法运算,从算盘左三档起拨入被除数;用不隔位商除法运算,从算盘左二档起拨入被除数。运算结束,如果算盘左起一档是空档,说明被除数最高位数字小于除数最高位数字,即不够除,用公式①$j=m-n$;如果算盘左一档是实档,则说明被除数最高位数字大于或等于除数最高位数字,即够除,用公式②$j=m-n+1$。简记为"位数相减,满档加1"。

【例4-1】　176.86÷37＝4.78（用隔位商除法）

经过运算,算盘左一档是空档,所以商的位数是 $m-n=3-2=1$（位）。

【例4-2】　86.36÷6.8＝12.7（用不隔位商除法）

经过运算,算盘左一档是实档,所以商的位数是 $m-n+1=2-1+1=2$（位）。

◇ 自我检测

用盘上定位法分别确定下列各题商的数值:

（1）1.7289÷900→1921

（2）73728÷300→24576

（3）0.169406÷0.002→84703

（4）75040÷50→15008

（5）0.5005242÷60→834207

（6）613473÷0.07→87639

（7）58.5246÷9.47→618

（8）123.168÷40→30792

（9）306.85÷0.0361→85

（10）187580÷0.5→37516

检测提示

活动 4.1.2　固定个位档定位法

◇ 基本技能

固定个位档定位法是在算盘上事先固定某一档作为商数个位档,并按此要求在相应位置拨被除数入盘进行计算的定位方法。固定个位档定位法的运算方法及具体步骤是:

（1）确定个位档。一般以算盘左起第三个计位点的左一档作为个位档,用"▼"表示。此档既是新的被除数的个位档,也是所求商数的个位档。此档在算前一经确定最好不要随意变动。

（2）改变原被除数位数,使其变为新的被除数。方法是:若用隔位商除法运算,则用 $m-n-1$ 改变原被除数;若用不隔位商除法运算,则用 $m-n$ 改变原被除数。

（3）运算完毕,盘面结果即为所求商数。

115

【例 4-3】　45.049,2÷6.92＝6.51（用隔位商除法）

① 先确定算盘左起第三个计位点的左一档为个位档（下同），再用 $m-n-1$ 改变原被除数位数，即 $(+2)-(+1)-1=(0)$，使其变为 0.450492，将其拨入盘中相应位置（见图 4-1）。

② 运算完毕，盘面结果 6.51 即为所求商数（见图 4-2）。

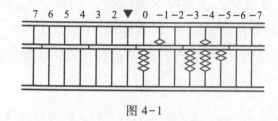

图 4-1

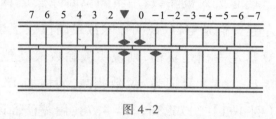

图 4-2

【例 4-4】　0.627046÷0.00851＝73.68（用不隔位商除法）

① 用 $m-n$ 改变原被除数位数，即 $0-(-2)=(+2)$ 位，使其变为 62.7046，将其拨入盘中相应位置（见图 4-3）。

② 运算完毕，盘面结果 73.68 即为所求商数（见图 4-4）。

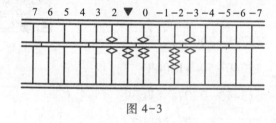

图 4-3

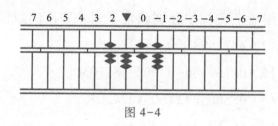

图 4-4

◇ 自我检测

用固定个位档定位法（隔位商除法）确定下列各题的定位档。

（1）16.69444÷43.6　　　　（　　　）档

（2）9.59712÷6.24　　　　（　　　）档

（3）160.1301÷247　　　　（　　　）档

（4）20.58926÷5.38　　　　（　　　）档

（5）1,793.3339÷653　　　　（　　　）档

（6）51.26814÷16.2　　　　（　　　）档

（7）1.2435764÷0.0274　　　（　　　）档

（8）2,429.7702÷28.6　　　　（　　　）档

（9）6,854.77949÷9.23　　　（　　　）档

（10）17,437.6658÷38.6　　　（　　　）档

检测提示

任务 4.2　除法的基本方法

◇学习目标

会用大九九口诀心算估商；

能运用商除法、归除法进行除法计算。

珠算除法的计算方法很多,按传统基本可以分为商除法和归除法两种,目前流行的计算方法主要是商除法。

活动 4.2.1　商　　除　　法

◇基本技能

商除法是我国传统的珠算除法。其运算方法与笔算除法基本相同,都是经过估商、减积等几个步骤,所不同的只是运算工具和置商的位置不同而已。依据商除法置商档位的不同,商除法可以分为隔位商除法和不隔位商除法两种。

一、隔位商除法

(一)置商原则

够除隔位上商,不够除挨位上商。

(二)运算步骤

1. 一位数除法
除数是一位数的除法称为一位数除法。其运算步骤为:
(1)置数。自算盘左三档起或适当位置置被除数,默记除数。
(2)置商。按照置商原则,当被除数首位数字大于除数首位数字时为够除,则在被除数首位左边隔一档上置商;当被除数首位数字小于除数首位数字时为不够除,则在被除数首位左一档上置商。当被除数首位数字与除数首位数字相等时,再比较第二位数字的大小,如果被除数的第二位数字大,为够除,则在被除数首位左边隔一档上置商;反之为不够除,则在被除数首位左一档上置商。当被除数第二位数字与除数第二位数字也相等时,则比较第三位数字,方法同上。当被除

117

数所有数字与除数所有数字均相等时,为够除,则在被除数首位左边隔一档上置商。

（3）试商。试商也称估商,即用大九九口诀估算一下相应的被除数里面有几倍的除数。

（4）减积。从商数的下档起依次减去商数与除数相乘所得积数的十位数、个位数。

（5）定位、写商数。

【例 4-5】　834÷6＝139

① 自算盘左三档起置被除数 834,默记除数 6(见图 4-5)。

② 被除数首位数字 8 大于除数首位数字 6 为够除,则在被除数首位左隔一档上置商(见图 4-6)。

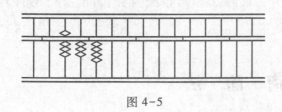

图 4-5

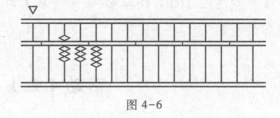

图 4-6

③ 求首商,商 1,依次从商数 1 的下档起减去 1 与除数 6 相乘的乘积 06,余数为 234(见图 4-7)。

④ 求二商,2<6 不够除,挨位置商,23 除以 6 商 3,依次从商数 3 的下档起减去 3 与除数 6 相乘的乘积 18,余数为 54(见图 4-8)。

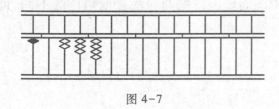

图 4-7

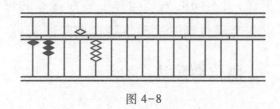

图 4-8

⑤ 求三商,5<6 不够除,挨位置商,54 除以 6 商 9,依次从商数 9 的下档起减去 9 与除数 6 相乘的乘积 54,恰巧除尽(见图 4-9)。

用公式定位法,(+3)−(+1)+1＝(+3)位,商数为 139。

【例 4-6】　1.2054÷0.6＝2.01(精确到 0.01,下同)

① 用固定个位档定位法。(+1)−(0)−1＝(0)位,新的被除数为 0.12054(见图 4-10)。

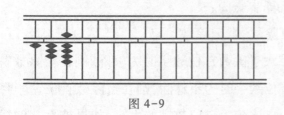

图 4-9

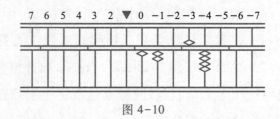

图 4-10

② 1<6 不够除,挨位置商,12 除以 6 估商 2,从 2 的下档起减去 2 与 6 的乘积 12,余数为 54(见图 4-11)。

③ 余数5<6不够除,挨位置商,54除以6估商9,从9的下档起减去9与6的乘积54,除尽(见图4-12)。

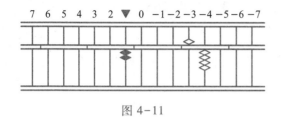

图 4-11

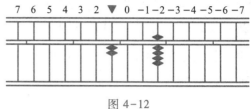

图 4-12

因为要求结果精确到0.01,所以将从算盘上看出的商数2.009四舍五入为2.01。

2. 多位数除法

除数是两位数或两位数以上的除法称为多位数除法。其运算步骤为:

(1)置数。自算盘左三档起或适当位置拨入被除数,默记除数。

(2)置商。按照其置商原则,当被除数(或余数)首位数字大于或等于除数首位数字(如果首位数字相同,则比较第二位、第三位……)时视为够除,则在被除数首位左边隔一档上置商;当被除数(或余数)首位数字小于除数(如果首位数字相同,则比较第二位、第三位……)首位数字时视为不够除,则在被除数(或余数)首位左一档上(挨位)置商。

(3)试商。试商也称估商,即估算一下相应被除数(或余数)里面有几倍的除数。多位数除法的估商应遵循"宁小勿大"的原则。

(4)减积。按照"递位叠减"的原则,依次从商数的下档起减去商数与除数首位至末位相乘的乘积的十位数、个位数。

(5)调商。当减去试商与除数的乘积后,若余数仍大于或等于除数,说明试商偏小,需要补商。其办法是:原商数加1,从其下一档起减去一遍除数。若在运算过程中一部分除数与试商乘减后,余下的除数不够乘减时,说明试商偏大,需要退商。其办法是:原商数减1,从其下档起加上已减去的乘积数,然后再用减1后的新商数与剩余的除数相乘减。

(6)定位、写商数。

【例4-7】 69,188÷98=706

运算步骤为:

① 自算盘左三档起拨入被除数69,188,默记除数98。因6<9不够除,挨位置商(见图4-13)。

② 估首商7,从7的下档起减去7与98的积63、56,余数为588(见图4-14)。

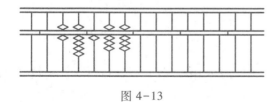

图 4-13

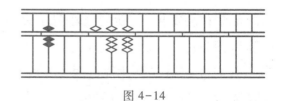

图 4-14

119

③ 求二商,5<9,不够除,挨位估商6,从6的下档起减去6与98的积54、48,恰好除尽(见图4-15)。

④ 用公式定位法定位,所求商数为(+5)-(+2)=(+3)位,即706。

【例4-8】 331,122÷638=519

用固定个位档定位法(m-n-1)改变原被除数位数,新的被除数位数为(+6)-(+3)-1=2(位),即33.1122。

运算步骤为:

① 以算盘右起第三个记位点作为个位档,拨入被除数33.1122,默记除数638。3<6不够除,挨位置商(见图4-16)。

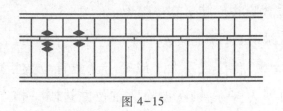

图4-15

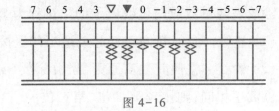

图4-16

② 估首商5,从5的下档起减去5与638的积30、15、40,余数为12,122(见图4-17)。

③ 求二商,1<6,不够除,挨位估商1,从1的下档起减去1与638的积06、03、08,余数为5,742(见图4-18)。

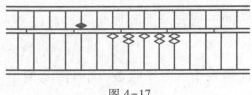

图4-17

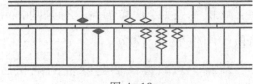

图4-18

④ 求三商,5<6,不够除,挨位估商9,从9的下档起减去9与638的积54、27、72,余数为0(见图4-19)。

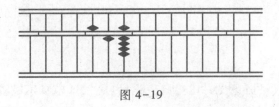

图4-19

【例4-9】 4.62112÷0.09187=50.30

用固定个位档定位法,新的被除数位数为(+1)-(-1)-1=(+1)位。

运算步骤为:

① 以算盘左起第三个计位点的左一档作为个位档,拨入被除数4.62112,默记除数9,187。4<9不够除,挨位置商(见图4-20)。

120

② 估首商 4,从 4 的下档起减去 4 与 9,187 的积 36、04、32、28,余数为 94,632(见图 4-21)。

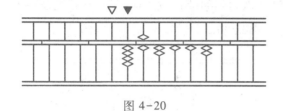

图 4-20

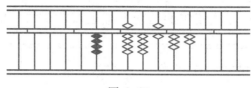

图 4-21

③ 94>91,说明试商偏小,需要补商。补商 1,首商 4 变为 5,从 5 的下档起减去一遍除数 09,187,余数为 2,762(见图 4-22)。

④ 求二商,2<9,不够除,挨位估商 3,从 3 的下档起减去 3 与 9,187 的积 27、03、24、21,余数为 59(见图 4-23)。

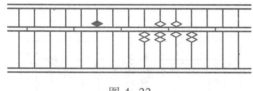

图 4-22

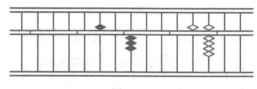

图 4-23

从算盘上可以看出最终运算结果为 50.30。

【例 4-10】 374.5264÷4.683=79.98

用固定个位档定位法,新的被除数位数为(+3)-(1)-1=(+1)位,即 3.745264。

运算步骤为:

① 以算盘左起第三个计位点的左一档作为个位档,拨入被除数 3.745264,默记除数 4,683。3<4 不够除,挨位置商(见图 4-24)。

② 估首商 8,从 8 的下档起依次减去 8 与 4 的积 32,余数为 545,264(见图 4-25)。

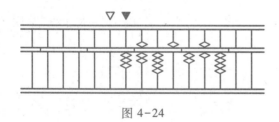

图 4-24

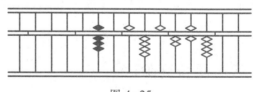

图 4-25

③ 再减去 8 与 6 的积 48,余数为 65,264(见图 4-26)。

④ 再减去 8 与 8 的积 64,余数为 1,264(见图 4-27)。

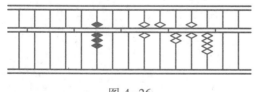

图 4-26

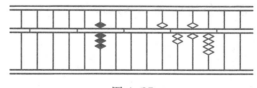

图 4-27

⑤ 再减去 8 与 3 的积 24,这时出现了不够减的情况,说明试商偏大,需要退商。退商 1,首商 8 变为 7,从 7 的下档起加上已与商数乘减过的除数一次,即 0468,余数为 469,264(见图 4-28)。

⑥ 再从相应的档次上减去商数 7 与 3 的积 21,余数为 467,164(见图 4-29)。

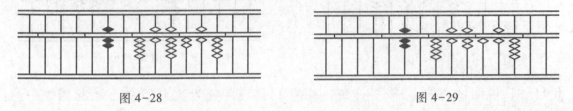

图 4-28   图 4-29

⑦ 求二商,467<468,不够除,挨位估商 9,从 9 的下档起减去 9 与 4,683 的积 36、54、72、27,余数为 45,694(见图 4-30)。

⑧ 求三商,45<46,不够除,挨位估商 9,从 9 的下档起减去 9 与 4,683 的积 36、54、72、27,余数为 3,547(见图 4-31)。

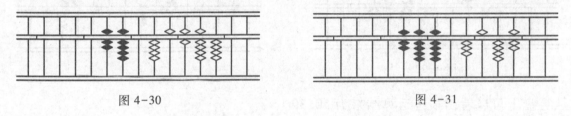

图 4-30   图 4-31

⑨ 求四商,3<4,不够除,挨位估商 7,从 7 的下档起减去 7 与 4,683 的积 28、42、56、21,余数为 2,689(见图 4-32)。

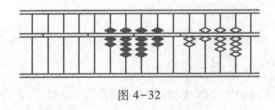

图 4-32

最后对末商进行判断,余数 2,689 大于除数 4,683 的一半,下一个商数则大于 5,所以最终运算结果为 79.98。

二、不隔位商除法

不隔位商除法也叫挨位商除法或改商除法。其运算方法和步骤如下:

(一)置商原则

够除挨位置商数,不够除本位改商数。

(二)运算步骤

不隔位商除法与隔位商除法的运算步骤基本相同,只是在置数、置商、减积、调商时,档次向左移了一位。具体方法如下：

1. 一位数除法

一位数除法的运算步骤为：

（1）置数。自算盘左二档起或适当位置拨入被除数,默记除数。

（2）置商。按照其置商原则,当被除数首位数大于或等于除数时视为够除,则在被除数首位左边一档上(挨位)置商;当被除数首位数小于除数首位数时视为不够除,则在被除数首位上改商。

（3）试商。试商也称估商,即用大九九口诀估算一下被除数里面有几倍的除数。

（4）减积。依次从商数的本档起减去商数与除数相乘的乘积的十位数、个位数。

（5）定位、写商数。

【例 4-11】　822÷6 = 137

① 自算盘左二档起拨入被除数 822,默记除数 6(见图 4-33)。

② 被除数首位数 8 大于除数 6 为够除,则在被除数首位左边一档上置商(见图 4-34)。

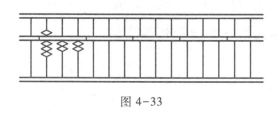

图 4-33

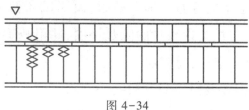

图 4-34

③ 求首商,商 1,依次从商数 1 的本档起减去 1 与除数 6 相乘的乘积 06,余数为 222(见图 4-35)。

④ 求二商,2<6 不够除,本位改商,22 除以 6 商 3,将余首 2 改为商数 3,默记余首 2,从商数 3 的本档起减去 3 与除数 6 相乘的乘积 18,余数为 42(见图 4-36)。

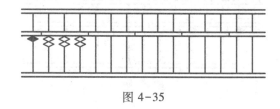

图 4-35

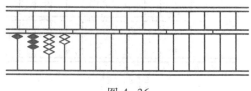

图 4-36

⑤ 求三商,4<6 不够除,本位改商,42 除以 6 商 7,将余首 3 改为商数 7,默记余首 3,从商数 7 的本档起减去 7 与除数 6 相乘的乘积 42,恰好除尽(见图 4-37)。

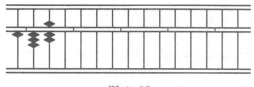

图 4-37

用公式定位法,(+3)-(+1)+1=(+3)位,商数为137。

2．多位数除法

多位数除法的运算步骤为:

(1)置数。自盘左二档起或适当位置拨入被除数,默记除数。

(2)置商。按照其置商原则,当被除数首位数大于或等于除数首位数(如果首位数相同,则比较第二位、第三位……)时视为够除,则在被除数首位左边一档上(挨位)置商;当被除数首位数小于除数首位数时视为不够除,则在被除数首位上改商。

(3)试商。试商也称估商,即估算一下被除数(或余数)里面有几倍的除数。多位数除法的估商应遵循宁小勿大的原则。

(4)减积。依次从商数的本档起减去试商与除数首位至末位相乘的乘积的十位数、个位数。

(5)调商。当减去试商与除数的乘积后,若余数大于或等于除数,说明试商偏小,需要补商。其办法是:原商数加1,从其本档起减去一遍除数。若在运算过程中一部分除数与试商乘减后,余下的除数不够乘减时,说明试商偏大,需要退商。其办法是:原商数减1,从其本档起加上已与试商乘减过的除数一次,并用减1后的新商数与剩余的除数相乘减。

(6)定位、写商数。

【例4-12】 33,152÷518=64

运算步骤为:

① 自盘左二档起拨入被除数33,152,默记除数518。3<5不够除,本位改商(见图4-38)。

② 估首商6,将被除数首位数3改为6,默记被除数首位数3,从6的本档起减去6与518的积30、06、48,余数为2,072(见图4-39)。

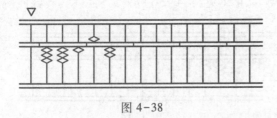

图4-38

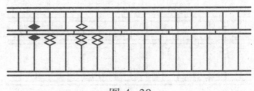

图4-39

③ 求二商,2<5,不够除,本位改商,估商4,从4的本档起减去4与518的积20、04、32,恰好除尽(见图4-40)。

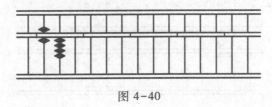

图4-40

④ 用公式定位法定位,所求商数为(+5)-(+3)=(+2)位,即64。

【例4-13】 715.5722÷38.54=18.57

用固定个位档定位法,新的被除数位数为(+3)-(+2)=(+1)位,即7.155 722。

运算步骤为:

① 以算盘左起第三个计位点的左一档作为个位档,拨入被除数7.155 722,默记除数3,854。7>3够除,挨位置商(见图4-41)。

② 估首商1,从1的本档起减去1与3,854的积03、08、05、04,余数为3,301,722(见图4-42)。

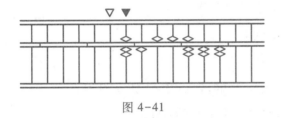 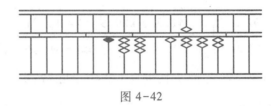

图4-41 图4-42

③ 求二商,33<38,不够除,本位改商,估商8,从8的本档起减去8与3,854的积24、64、40、32,余数为218,522(见图4-43)。

④ 求三商,2<3不够除,本位改商,估商5,从5的本档起减去5与3,854的积15、40、25、20,余数为25,822(见图4-44)。

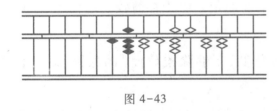 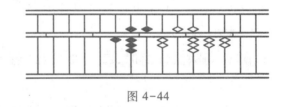

图4-43 图4-44

⑤ 求四商,2<3,不够除,本位改商,估商6,从6的本档起减去6与3,854的积18、48、30、24,余数为2,698(见图4-45)。

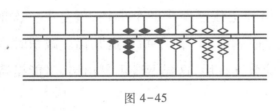

图4-45

最后对末商进行判断,余数2,698大于除数3,854的一半,下一个商数则大于5,所以最终运算结果为18.57。

三、常用估商方法

通过商除法的学习,可以看出提高运算速度的关键在于估商是否准和快。在此介绍几种比较常用的估商方法。

第一,看首估商法(适用于除数第二位是0、1、2、3等较小的数字)。即看被除数前两位数中包含几个除数首位数,够几则估商几。例如,二一6;三一4;三二7;四二5;四三7;五商倍;六加2;七八加1;九商同;近商9;同头商8、9等。

如四三7,四为除数首位,三为被除数首位,7为商数。当除数的第二位数是小数字时,遇到被除数首位数是3,除数首数是4时,可试商7。

估商偏小或偏大

【例4-14】　305.78÷4.216=72.53　　(四三7)

【例4-15】　31.2785÷3.247=9.63　　(31<32,近商9)

【例4-16】　41.3256÷0.9631=42.91　　(九商同)

【例4-17】　32.4857÷0.5248=61.90　　(五商倍)

第二,除首加1估商法(适用于除数第二位是大于5的较大数字,如7、8、9)。

【例4-18】　258.7021÷49.36=5.24　　(把4,936看成5估商)

【例4-19】　3,753.28÷68.39=54.88　　(把6,839看成7估商)

【例4-20】　323.228÷39=8.29　　(把39看成4估商)

四、商除法运算过程中需要注意的问题

(1)商除法运算估商时,所用方法应视算题的情况而定。由于补商较易退商难,所以估商时应注意"宁小勿大"。

(2)隔位商除法置商时,特别要注意"够除隔位商,不够除挨位商"的原则,以防止商数串档。

(3)改商除法运算过程中,要随时区分商数和余数,切忌把两者混淆。如果把商数当成余数,再进行试商,或者把余数当作商数,则造成差错。

(4)改商除法运算过程中,被除数或余数首位改商时,需要默记首位。

(5)减积时要"指不离档",记住这一次的个位档,就是下一次的十位档,每减乘一次,手指往后退一位,除数中间遇零时,有几个零,手指就退几档。减积时,要默记试商,眼看除数,用大九九口诀把试商读在前,除数读在后,这样做既不易出错,又能提高运算速度。

◇自我检测

1. 一位数除法(商除法)练习

(1)504÷2＝

(2)136÷4＝

(3)5,698÷2＝

(4)2,340÷5＝

(5)71,728÷4＝

(6)28,181÷5＝

(7)170,874÷6＝

(8)41,800÷4＝

检测提示

（9）113,736÷7 =　　　　　　　　　　　（10）67,516÷8 =

2. 多位数除法（商除法）练习（11～20 题保留两位小数）

（1）34,776÷72 =　　　　　　　　　　　（2）182,369÷281 =

（3）8,512÷532 =　　　　　　　　　　　（4）303,468÷418 =

（5）13,764÷148 =　　　　　　　　　　　（6）263,314÷961 =

（7）21,918÷39 =　　　　　　　　　　　（8）184,415÷479 =

（9）423,852÷836 =　　　　　　　　　　（10）26,565÷385 =

（11）1.4174÷2.04 =　　　　　　　　　　（12）35.1939÷4.21 =

（13）182.96÷64 =　　　　　　　　　　　（14）2.9185÷4.21 =

（15）3.55÷0.85 =　　　　　　　　　　　（16）5.7112÷6.39 =

（17）66.1809÷7.16 =　　　　　　　　　　（18）12.4431÷1.64 =

（19）5.1099÷5.47 =　　　　　　　　　　（20）20.2556÷7.54 =

活动 4.2.2　归　除　法

◇基本技能

归除法是利用口诀求商的一种除法，也是一种传统的计算方法。当除数是一位数时称为"单归"，当除数是两位数或两位数以上时称为"归除"。

一、一位数除法

（一）九归口诀

一位数除法又称"单归"，当除数是 1、2、3、4、5、6、7、8、9 时，分别称为一归、二归、三归、四归、五归、六归、七归、八归、九归，共九组口诀，称为九归法。其口诀如表 4-1 所示。

表 4-1　九归口诀表

一归	逢一进 1，逢二进 2，逢三进 3，逢四进 4，逢五进 5，逢六进 6，逢七进 7，逢八进 8，逢九进 9
二归	二一改作 5，逢二进 1，逢四进 2，逢六进 3，逢八进 4
三归	三一 3 余 1，三二 6 余 2，逢三进 1，逢六进 2，逢九进 3
四归	四一 2 余 2，四二改作 5，四三七余 2，逢四进 1，逢八进 2
五归	五一改作 2，五二改作 4，五三改作 6，五四改作 8，逢五进 1
六归	六一下加 4，六二 3 余 2，六三改作 5，六四 6 余 4，六五 8 余 2，逢六进一

七归	七一下加 3,七二下加 6,七三 4 余 2,七四 5 余 5,七五 7 余 1,七六 8 余 4,逢七进 1
八归	八一下加 2,八二下加 4,八三下加六,八四改作 5,八五 6 余 2,八六 7 余 4,八七 8 余 6,逢八进 1
九归	九一下加 1,九二下加 2,九三下加 3,九四下加 4,九五下加 5,九六下加 6,九七下加 7,九八下加 8,逢九进 1

(二) 口诀说明

口诀中第一个字指除数,第二个字指被除数,阿拉伯数字指商和余数。"逢"是指拨去被除数本档的算珠,"进"是指在左一档加上,"下加""余"是指在右一档加上,"改作"是指在本档上改变。

表中九归口诀共有 59 句。可分为四种类型:

一是:"逢几进几"类,共 23 句。当被除数首位数字是除数的倍数时运用此类口诀,如"逢四进 2"。

二是"几几改作几"类,共 8 句。当被除数首位数字小于除数又能除尽时运用此类口诀,如"五二改作 4"。

三是"几几几余几"类,共 14 句。当被除数首位数字小于除数,相除后有余数时运用此类口诀,如"七三 4 余 2"。

四是"几几下加几"类,共 14 句。当被除数首位数字小于除数,相除后商数与原被除数首位相同,且后面还有余数时运用此类口诀,如"九二下加 2"。

为了便于计算,人们又在九归口诀的基础上归纳了一套改良口诀,称为新增九归口诀。其口诀如表 4-2 所示。

表 4-2 新增九归口诀

除数	口诀
二归	二一改 6 下减 2,二一改 7 下减 4,二一改 8 下减 6,二一改 9 下减 8
三归	三一改 4 下减 2,三一改 5 下减 5,三一改 6 下减 8,三二改 7 下减 1,三二改 8 下减 4,三二改 9 下减 7
四归	四一改 3 下减 2,四一改 4 下减 6,四二改 6 下减 4,四二改 7 下减 8,四三改 8 下减 2,四三改 9 下减 6
五归	五一改 3 下减 5,五二改 5 下减 5,五三改 7 下减 5,五四改 9 下减 5
六归	六一改 2 下减 2,六一改 3 下减 8,六二改 4 下减 4,六三改 6 下减 6,六四改 7 下减 2,六四改 8 下减 8,六五改 9 下减 4
七归	七一改 2 下减 4,七二改 3 下减 1,七二改 4 下减 8,七三改 5 下减 5,七四改 6 下减 2,七四改 7 下减 9,七五改 8 下减 6,七六改 9 下减 3

除数	口诀
八归	八一改 2 下减 6,八二改 3 下减 4,八三改 4 下减 2,八四改 6 下减 8,八五改 7 下减 6,八六改 8 下减 4,八七改 9 下减 2
九归	九一改 2 下减 8,九二改 3 下减 7,九三改 4 下减 6,九四改 5 下减 5,九五改 6 下减 4,九六改 7 下减 3,九七改 8 下减 2,九八改 9 下减 1

（三）运算步骤

（1）置数。自盘左二档起置被除数,默记除数。

（2）置商、减积。用口诀计算。

（3）定位,写商数。

【例 4-21】　6.1033÷0.6 = 10.17

① 用固定个位档定位法,新的被除数为(+1)-(0) = (+1)位不变。以算盘左起第三个计位点的左一档作为个位档,拨入被除数 6.1033(见图 4-46)。

② 用口诀"逢六进 1"得首商 1,余数为 1,033(见图 4-47)。

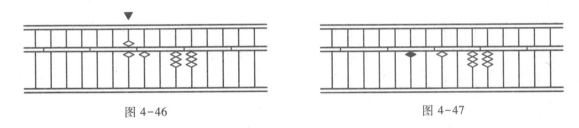

图 4-46　　　　　　　　　　　　图 4-47

③ 用口诀"六一下加 4"得三商 1,余数为 433(见图 4-48)。

④ 用新增九归口诀"六四改 7 下减 2"得四商 7,余数为 13(见图 4-49)。

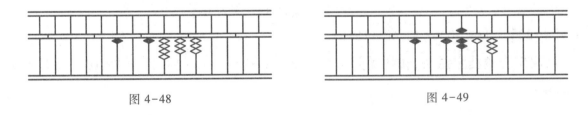

图 4-48　　　　　　　　　　　　图 4-49

经判断,所求商数为 10.17。

二、多位数除法

除数是两位数或两位数以上的除法称为多位数除法,多位数除法也可以用归除法来进行计算。用归除法运算时分两步进行:第一步是"归",即用九归口诀求得初商;第二步是"除",

即把求得的初商同除数首位以外的其他各位相乘,一边乘一边从被除数中减去相乘之积,经过这样的乘减以后,初商才成为正式的商。第二、三……位商数,按以上步骤求得。

归除法可分为基本归除、补商、退商、撞归四种类型。这里主要介绍基本归除。

基本归除是归除法的基本方法,运算时,先用九归口诀求得商数,然后再按照"递位迭减"的原则依次从被除数中减去商与除数次高位及以后数字相乘的积。

基本归除的运算方法及步骤如下:

(1)置数。自盘左二档起或适当位置拨入被除数,默记除数。

(2)试商。用九归口诀求得商数,这个商数不是确商,经过乘减后才是确商,称为初商,也称试商。

(3)减积。用九归口诀求得的商依次与除数的第二位、第三位……直至末位相乘,依次在被除数相应位置中减去这些积数。

(4)定位、写商数。

【例4-22】　28,073÷419=67

① 自盘左二档起拨入被除数 28,073,默记除数 419(见图4-50)。

② 被除数首位是 2,除数首位是 4,用口诀"四二改 6 下减 4",求得首位试商 6,并减积六一 06,六九 54,余数为 2,933(见图4-51)。

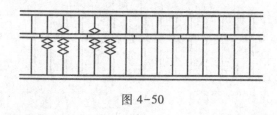

图 4-50

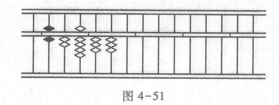

图 4-51

③ 余数首位是 2,用口诀"四二改 7 下减 8",求得第二位试商 7,并减积七一 07,七九 63,恰巧除尽(见图4-52)。

用公式定位法定位,(+5)-(+3)=(+2)位,最终商数为 67。

【例4-23】　789.1036÷42.63=18.51

① 用固定个位档定位法,新的被除数为(+3)-(+2)=(+1)位,即 7.891036,将其拨入盘中(见图4-53)。

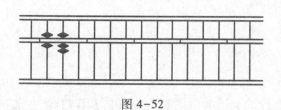

图 4-52

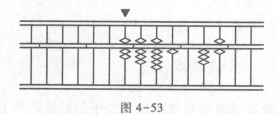

图 4-53

② 被除数首位是7,法首是4,用口诀"逢四进1",求得首位试商1,并减积,一二02,一六06,一三03,余数为3,628,036(见图4-54)。

③ 余数首位是3,用口诀"四三改8下减2",求得第二位试商为8,并减积八二16,八六48,八三24,余数为217,636(见图4-55)。

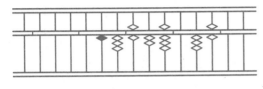 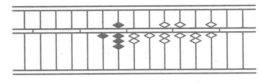

图 4-54 图 4-55

④ 余数首位是2,用口诀"四二改作5",求得第三位试商为5,并减积五二10,五六30,五三15,余数为4,486(见图4-56)。

⑤ 余数首位是4,用口诀"逢四进1",求得第四位试商1,并减积,一二02,一六06,一三03,余数为223(见图4-57)。

除法的检验

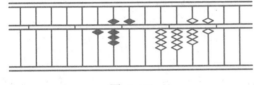 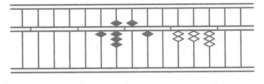

图 4-56 图 4-57

余数小于除数的一半,第五位试商小于5,舍去,最终商数为18.51。

◇ 自我检测

多位数除法(归除法)练习(计算结果保留两位小数)

检测提示

(1) 42,174÷71 =   (2) 26,426÷362 =

(3) 208,164÷249 =   (4) 64,369÷68 =

(5) 376,475÷925 =   (6) 40,592÷472 =

(7) 12.588÷5.27 =   (8) 29,568÷84 =

(9) 9,180÷135 =   (10) 61,625÷493 =

(11) 142,968÷483 =   (12) 40,715÷85 =

(13) 383,968÷416 =   (14) 27,306÷369 =

(15) 12,690÷94 =   (16) 24.9336÷6.98 =

(17) 22,275÷275 =   (18) 36,252÷53 =

(19) 399,196÷742 =   (20) 93.02÷107 =

任务4.3 简捷除法

◇学习目标

理解补数除法和省除法两种简捷除法；
体验简捷除法的运算速度。

在珠算除法基本运算的基础上，可以利用某些数字的共有特征，简化运算程序，减少拨珠次数，以节省运算时间，提高运算速度。珠算的简捷除法很多，本节主要介绍补数除法和省除法两种方法。

活动4.3.1 补数除法

◇基本技能

补数除法主要是利用数的补数进行运算的方法。当除数接近于 10^n 时，可用补数除法。其具体运算方法很多，这里只介绍加补数除法。

此法的主要运算形式是乘加补数，所以叫加补数除法。它是应用除数的补数运算规则，变减为加。同时，由于除数接近 10^n，第一位商数显然与被除数的首位数接近，所以可用被除数的最高位数作为商数，被除数的最高位数为几，就在被除数相应的档位加几倍补数。具体运算方法如下：

【例4-24】 $55,272 \div 98 = 564$（用不隔位商除法计算）

运算时，首先用被除数最高位数5作为首商，从商数5的本档起加5次补数"02"（商几就加几次补数）。具体运算步骤如下：

① 自盘左二档起拨入被除数55,272,默记除数的补数02（见图4-58）。

② 实首5作为首商，从5的本档起加上5倍补数：$02 \times 5 = 010$，余数为6,272（见图4-59）。

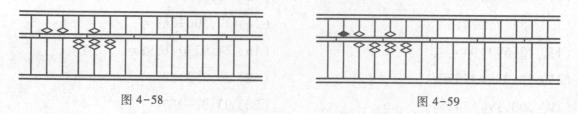

图4-58　　　　　　　　　　　　　　　　　图4-59

③ 以余数首位6作为次商，从6的本档起加上6倍补数：$02 \times 6 = 012$，余数为392（见图4-60）。

④ 以余数首位 3 作为三商,从 3 的本档起加上 3 倍补数:02×3＝006,余数为 98(见图 4-61)。

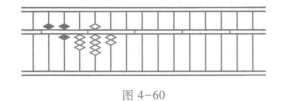

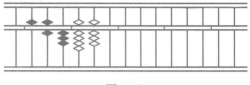

图 4-60　　　　　　　　　　　　　　　图 4-61

⑤ 余数 98 等于除数 98,则挨位补商 1,从其本档起减去一遍 098,恰好除尽(见图 4-62)。

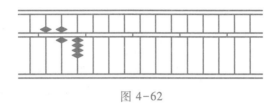

图 4-62

用公式定位法定位:$m-n＝(+5)-(+2)＝(+3)$ 位,商数为 564。

【例 4-25】　616,875÷987＝625(用隔位商除法计算)

具体运算步骤如下:

① 从左起第三档拨入被除数 616,875,默记除数的补数 013(见图 4-63)。

② 以被除数首位 6 作为首商,在被除数首位前一档挨位置商 6,拨去被除数首位 6,从首商 6 的下档起加 013×6＝0078,余数为 24,675(见图 4-64)。

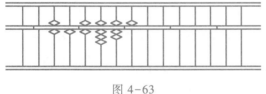

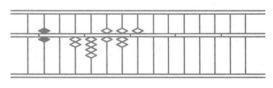

图 4-63　　　　　　　　　　　　　　　图 4-64

③ 以余数首位 2 为次商,在 2 的前一档上商 2,拨去余首 2,然后从次商 2 的下档起加 013×2＝0026,余数为 4935(见图 4-65)。

④ 以余数首位 4 为三商,在 4 的前一档上商 4,拨去余首 4,从三商 4 的下档起加 013×4＝0052,余数为 987(见图 4-66)。

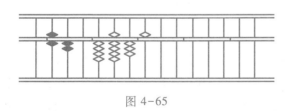

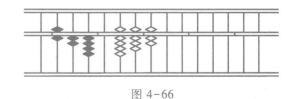

图 4-65　　　　　　　　　　　　　　　图 4-66

⑤ 余数 987 等于除数 987,则隔位补商 1,从其下档起减去一遍除数 0987,恰好除尽(见图 4-67)。

133

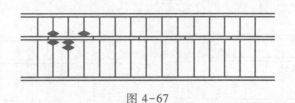

图 4-67

用公式定位法定位,$m-n=(+6)-(+3)=(+3)$位,最终商数为625。

◇自我检测

检测提示

补数除法练习:

(1) $852,093 \div 99 =$

(2) $485,165 \div 95 =$

(3) $584,328 \div 97 =$

(4) $6,098,355 \div 995 =$

(5) $2,027,856 \div 996 =$

(6) $69,471,182 \div 9,899 =$

(7) $42,333.06 \div 99.96 =$

(8) $3,138.5376 \div 0.9907 =$

(9) $39,105.185 \div 998.9 =$

(10) $15,446.795 \div 9.985 =$

活动 4.3.2　省　除　法

◇基本技能

当被除数与除数的位数较多,而所要求的商数的位数较少时,可省略被除数若干位尾数再进行计算,这种根据近似计算的原理求商数近似值的方法,就是省除法。此法简化了运算过程,节省了运算时间,也就提高了运算速度。其运算的基本步骤如下:

一、确定商的个位点和压尾档

以算盘左起第三个记位点的左一档作为商的个位档,按照商数要求准确到小数点后的位数再加两位,然后将其下一档作压尾档,以"▽"表示。如商数要求准确到小数点后两位,则将小数点后第五档作为压尾档。

二、定位和置数

用固定个位档定位法进行定位,采用不隔位商除法运算,用 $m-n$ 定位后是几位,就从第几档置被除数入盘,应拨在压尾档上的除除数按"四舍五入"进行取舍,经取舍后,压尾档及其以下各档的被除数全部舍去。

134

三、运算和定商

将截取的被除数入盘,用不隔位商除法运算,乘减时,一律计算到压尾档为止,在压尾档上要减去的数是5、6、7、8、9时,前档减1;要减去的数是1、2、3、4时,前档不减。应在压尾档以下各档乘减的,一律省略不减。取商时,只取到要求的位数,然后将剩下的余数与除数比较,确定终商。

【例4-26】 23.153623÷6.52415=3.55(精确到0.01)

具体运算步骤如下:

① 用固定个位档定位法,新的实数为(+2)-(+1)=(+1)位,即2.3153623,将其档拨入盘中(压尾档上是6,五入,见图4-68)。

② 求首商,不够除,本位改商3,从3的本档起依次减去18、15、06、12、03(压尾档减3,舍去),余数为3,582(见图4-69)。

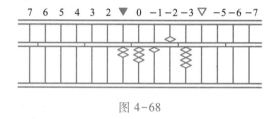

图 4-68

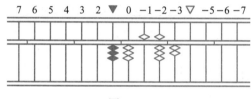

图 4-69

③ 求二商,不够除,本位改商5,从5的本档起依次减去30、25、10、20(压尾档减0,舍去),余数为320(见图4-70)。

④ 求三商,不够除,本位改商4,从4的本档起依次减去24、20、08(压尾档减8,前档多减1),余数为59(见图4-71)。

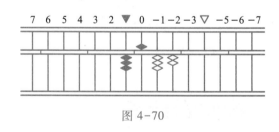

图 4-70

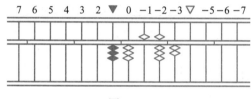

图 4-71

通过分析判断,最终商数为3.55。

【例4-27】 0.03948216÷0.42935=0.0920(精确到0.0001)

具体运算步骤如下:

① 用固定个位档定位法,新的被除数为(-1)-(0)=(-1)位不变,即0.03948216,将其拨入盘中(压尾档上是1,舍去,见图4-72)。

② 求首商,不够除本位改商9,从9的本档起依次减去36、18、81、27、45(压尾档减5,前档

多减1),余数为840(见图4-73)。

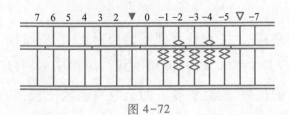

图 4-72

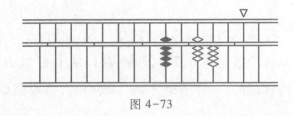

图 4-73

③ 求二商,够除挨位商1,从1的本档起依次减去04293(压尾挡减3,舍去),余数为411(见图4-74)。

④ 求三商,不够除本位改商9,从9的本档起依次减去36、18、81(压尾挡减1,舍去),余数为25(见图4-75)。

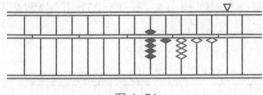

图 4-74

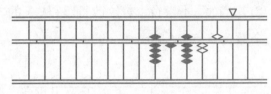

图 4-75

通过分析判断,最终商数为0.0920。

◇自我检测

省除法练习(计算结果保留两位小数):

(1) 5,903.112÷1.368 =

(2) 466.51404÷376.58 =

(3) 15,009.5603÷374.68 =

(4) 140.83304÷89.453 =

(5) 3,342.7998÷40.567 =

(6) 5,699.0256÷709.58 =

(7) 16.79923389÷2.1937 =

(8) 3,346,349÷8,476 =

(9) 142.89335÷60.0781 =

(10) 528,427÷9,655 =

检测提示

*任务4.4 珠、心算结合除法

◇学习目标

理解一次减积除法和空盘除法两种方法;
能灵活运用珠算除法。

_____

* 为选学内容。

珠、心算结合除法的方法很多,一般除法在减积时,都是用商数乘以一位除数后减一次积,如果除数位数较多,则需乘减的次数更多,影响运算速度。因此,若利用乘法的一位数乘多位数求积,将可以化繁为简,提高运算速度。本任务只介绍一次减积除法和空盘除法两种方法。

活动 4.4.1　一次减积除法

◇基本技能

用单倍"一口清"方法进行的多位数除法运算,叫一次减积除法,又叫"一口清"除法。方法是:每次估商后用"一口清"得出所求商数与除数的乘积,并将乘积从被除数中减去。这样就把单积迭位累减改成群积一次总减,简化了运算过程,减少了拨珠次数,提高了运算速度。具体运算步骤如下:

（1）定位和置数。用固定个位档定位法进行定位,把被除数拨入相应的档位上。

（2）估商和置商。用心算估商,并按不隔位除法的置商原则进行置商。

（3）减积。用试商与除数相乘,并将所得"一口清"乘积从被除数中减去。

【例 4-28】　249,216÷528＝472

具体运算步骤如下:

① 置数:新的被除数为(+6)-(+3)＝(+3)位,即 249.216 并将其拨入盘中(见图 4-76)。

② 求首商:不够除,本位改商 4,用"一口清"乘法,从 4 的本档起一次减去 4 与 528 的积 2,112,余数为 38,016(见图 4-77)。

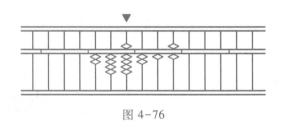

图 4-76

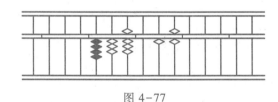

图 4-77

③ 求二商:不够除,本位改商 7,用"一口清"乘法,从 7 的本档起一次减去 7 与 528 的积 3,696,余数为 1,056(见图 4-78)。

④ 求三商:不够除,本位改商 2,用"一口清"乘法,从 2 的本档起一次减去 2 与 528 的积 1,056,恰好除尽(见图 4-79)。

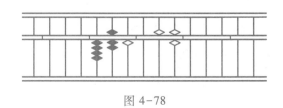

图 4-78

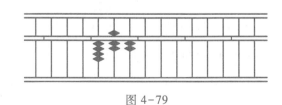

图 4-79

从盘上可以看出,最终商数为472。

【例4-29】 50.3741÷8.157=6.18(精确到0.01)

具体运算步骤如下:

① 用固定个位档定位法,新的被除数为(+2)-(+1)=(+1)位,即5.03741,将其拨入盘中(见图4-80)。

② 求首商:不够除本位改商6,用"一口清"乘法,从6的本档起一次减去6与8157的积48942,余数为14321(见图4-81)。

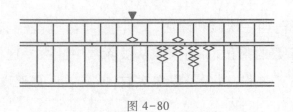

图4-80   图4-81

③ 求二商:不够除,本位改商1,用"一口清"乘法,从1的本档起一次减去1与8157的积08157,余数为6164(见图4-82)。

④ 求三商:不够除,本位改商7,用"一口清"乘法,从7的本档起一次减去7与8157的积57099,余数为4541(见图4-83)。

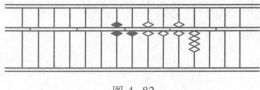   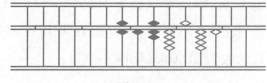

图4-82   图4-83

通过分析判断,最终商数为6.18。

◇ 自我检测

检测提示

一次减积除法练习(计算结果保留两位小数):

(1) 4,968÷69 =   (2) 9,486÷18 =

(3) 31,476÷732 =   (4) 36,639÷59 =

(5) 51,313÷529 =   (6) 31,734÷369 =

(7) 407,945÷983 =   (8) 577,984÷821 =

(9) 827,391÷193 =   (10) 609,902÷1,306 =

(11) 916,674÷4,386 =   (12) 2,943,885÷6,095 =

(13) 23.0725÷61.2 =   (14) 0.58957÷0.954 =

（15）6.43571÷0.823＝　　　　　　　　　　　（16）1.48667÷0.176＝

（17）17.8524÷5.73＝　　　　　　　　　　　　（18）0.73195÷0.251＝

（19）7.2419÷13.5＝　　　　　　　　　　　　（20）0.95374÷2.86＝

活动 4.4.2　空 盘 除 法

◇基本技能

空盘除法是指被除数与除数均不入盘的一种珠算除法。具体方法为：计算时首先用心算直接从被除数中减去商数与除数的积，同时将乘减后的余数拨入盘中，它省去了算前的布数过程，所以加快了运算速度。根据余数是一次全部入盘和多次分步入盘，空盘除法分为"半空盘除"和"全空盘除"两种。

一、半空盘除

半空盘除是被除数先不入盘，首位商数与除数乘减时，用心算直接从被除数中减去，然后将余数布入盘中。基本运算方法（用挨位商除法）如下：

（1）估首商与置首商。根据公式定位法，将所估商数拨入盘中。

（2）眼看被除数，同时心算乘积数。将商数与除数最高位数字的乘积从被除数中心算减去，并把余数的个位数拨到首商的下一档上（若有十位数则默记）；然后，按递位迭减积的原则，将商数与除数次高位数字至末位数字的乘积依次从盘中拨减。

（3）首商与除数的所有数字乘减完毕，将被除数中未参与乘减的数字，顺次拨入盘中。

（4）按挨位商除法的常规算法继续求以下各商。

【例 4-30】　69,188÷98＝706

①用固定个位档定位法，新的被除数为（+5）-（+2）＝（+3）位，即 691.88，找准其在盘中的相应位置（见图 4-84）。

②估首商和置首商，不够除，从盘中（+3）档上置商，估商 7（见图 4-85）。

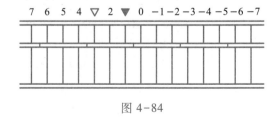

图 4-84

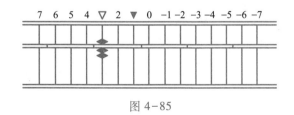

图 4-85

③减 7×9 之积，心算 69-63＝6，将余数 6 拨入商数 7 的下档（见图 4-86）。

④ 迭位减积:7×8＝56,从盘中数 6 和被除数第三位 1 上依次减去,盘中余数为 05(见图 4-87)。

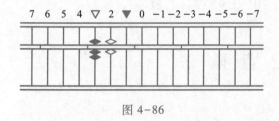

图 4-86

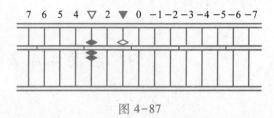

图 4-87

⑤ 将被除数中未乘减过的数字 88 顺次拨入盘中,余数为 588(见图 4-88)。

⑥ 用常规算法,继续运算,求二商不够除,本位改商 6,从 6 的本档起依次减去 54、48,余数为 0(见图 4-89)。

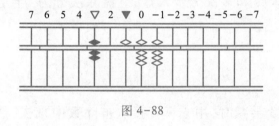

图 4-88

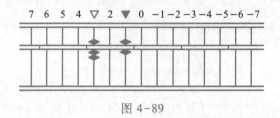

图 4-89

最终商数为 706。

二、全空盘除

全空盘除与半空盘除的运算原理基本一样,不同之处是:半空盘除,在首位商乘减完后,将被除数尚未用到的数一次拨入盘中;而全空盘除,是乘减到被除数哪位,将余数拨到哪位,被除数尚未用到数暂不入盘。

【例 4-31】 22,761÷843＝27

① 用固定个位档定位法,新的被除数为(+5)-(+3)＝(+2)位,即 22.761,找准其在盘中的相应位置(见图 4-90)。

② 估首商和置首商。不够除,从盘中+2 档上置商,估商 2(见图 4-91)。

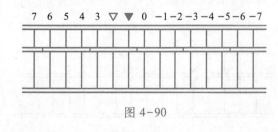

图 4-90

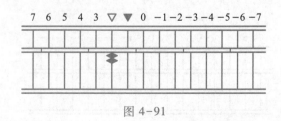

图 4-91

③ 减 2×8 之积,心算 22-16＝6,将余数 6 拨入商数 2 的下档(见图 4-92)。

④ 迭位减积。2×4＝08,从余数 6 和被除数第三位 7 上依次减去,余数变为 59(见图 4-93)。

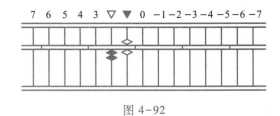

图 4-92

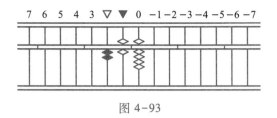

图 4-93

⑤ 再减积,2×3=06,从次数 9 和被除数第 4 位 6 上依次减去,余数变为 590(见图 4-94)。

⑥ 求二商,不够除,本位改商 7,从 7 的本档起减去 7×8=56,使余数变为 30(见图 4-95)。

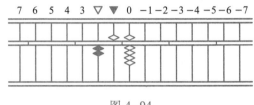

图 4-94

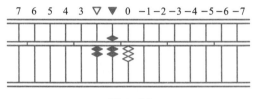

图 4-95

⑦ 再减积 7×4=28,使余数变为 2(见图 4-96)。

⑧ 再减积 7×3=21,从余数 2 和被除数末位 1 上依次减去,恰好除尽(见图 4-97)。

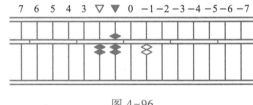

图 4-96

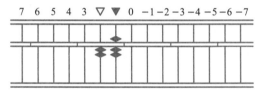

图 4-97

最终商数为 27。

◇自我检测

空盘除法练习(计算结果保留两位小数):

检测提示

(1) 35,292÷68=

(2) 11,008÷43=

(3) 11,832÷174=

(4) 29,610÷35=

(5) 87.02÷4.58=

(6) 178.542÷0.673=

(7) 718.092÷7.32=

(8) 881.02÷0.406=

(9) 19.8828÷0.0378=

(10) 473,792÷5,146=

单元 5
简易心算

心算,也称脑算或口算,是指不借助任何计算工具,在头脑中进行分析、反映的计算。本单元主要讲述心算加法、心算减法、心算乘法、心算除法以及珠算式心算,力求培养学生速算技巧,便于在日常工作学习中运用。

任务 5.1 心 算 加 法

◇学习目标

理解心算加法原理；

能运用适当的心算方法进行加法运算。

心算加法是心算乘法的基础,进行加法心算,一般是从高位算起,逐位相加。遵循由易到难的顺序,先练习两个数字相加,逐渐增加数字个数,力争形成条件反射,见数即得和数。

活动 5.1.1 一位数加法

◇基本技能

一、基本一位数加法

一位数加法是最基本的心算,是多位数加法心算的基础,必须熟练,要求单个数字之和一看便知,可以用以下几种方法求和:

(一) 凑十法

多个数相加,若其中几个数值和为 10,可先凑出 10,再加上其余的数,简称"凑十加余"。

【例 5-1】 $6+7+4=17$

心算时,6 与 4 凑成 10,再加上 7,得 17。对于此类型的算题,只要熟记,1 与 9,2 与 8,3 与 7,4 与 6,5 与 5 五对数字,便可迅速求出和数。

(二) 拆并法

多个数相加,若没有可直接凑成 10 的数,可将其中一个数拆成两个或三个数,再与其他几个数字组合成 10,则易于心算。

【例 5-2】 $5+8+7=20$

可把 5 拆成 2 与 3,2 与 8、3 与 7 凑成 10,和为 20。

（三）相同数组合法

相同数相加,用其个数乘以数字即得出和数。

【例5-3】　7+7+7＝7×3＝21

（四）连续数组合法

三个以上的连续数相加(数字的个数为奇数)且成等差数列,则可以根据中间的数字乘以项数求和。

【例5-4】　5+9+7＝21

此题可排为5、7、9,可取中间数字7乘以项数3,得和21。

二、一目多行加法

在进行珠算加法运算时,为了减少拨珠次数与动作,提高运算速度,可采用一目多行加法运算,如一目两行、一目三行、一目五行,而常用的为一目三行运算法。它是珠算与心算相结合,将同位上的数字先心算出和数,再一次拨珠入盘的方法。

【例5-5】　一目两行心算法

$$
\begin{array}{r}
6,3\ 9\ 7 \\
+\ 8,4\ 7\ 5 \\
\hline
\end{array}
$$

1 4·····················从万位档起拨珠入盘

　0 7···················从千位档起拨珠入盘

　　1 6·················从百位档起拨珠入盘

　　　1 2···············从十位档起拨珠入盘

1 4 8 7 2···············计算结果

【例5-6】　一目三行心算法

$$
\begin{array}{r}
6\ 8\ 9 \\
6,3\ 9\ 7 \\
+\ 8,4\ 7\ 5 \\
\hline
\end{array}
$$

1 4·····················从万位档起拨珠入盘

　1 3···················从千位档起拨珠入盘

　　2 4·················从百位档起拨珠入盘

　　　2 1···············从十位档起拨珠入盘

1 5 5 6 1···············计算结果

一目三行
直加法

◇自我检测

1. 请选用适当的方法快速心算下列各数的和

（1）8+7+2 =

（2）3+8+9 =

（3）6+6+6 =

（4）3+6+9 =

2. 用一目三行法进行珠算加法运算

（1）   3,2 5 4

      6,9 5 8

      1,0 8 9

（2）   6,3 9 7

      2,8 3 7

      4,6 5 9

（3）   1,2 5 4

      6,9 5 8

      1,0 8 9

活动 5.1.2　多位数加法

◇基本技能

一、逐位法

这是最基本的算法。心算时，数位对齐，逐位相加；先算最高位，默记答数后再算第二位、第三位，直到算完末位。

【例 5-7】　654+836 = 1,490

$$654+836 = 654+800+30+6$$
$$= 1,454+30+6$$
$$= 1,484+6$$
$$= 1,490$$

二、凑整法

当加数接近于 10^n 或 10^n 的倍数时,可先看作 10^n 或 10^n 的倍数,然后再减去多加的数字。

【例 5-8】　856+997=1,853

$$856+997=856+1,000-3=1,856-3=1,853$$

【例 5-9】　354+678=1,032

$$354+678=354+700-22=1,054-22=1,032$$

三、基数法

当相加的各数都接近于一个数时,则可以把该数作为基数乘以相加数的个数,然后再加上或减去各数与基数的差。计算时,先求累计差,多于基数的用加,少于基数的用减,随增随减差数,到差额累计完成后,再加上基数之和,即总和=基数×个数+累计差。

【例 5-10】　71+69+72+68+75=70×5+(1-1+2-2+5)=355

四、堆垛法

几个连续数相加,且成等差数列,即可用堆垛法,用等差数列的求和公式求和,即:

$$S_n = \left[(a_1+a_2)/2 \right] \times n$$

即　　　　　　　求和=(首项+末项)÷2×项数

若项数为奇数时,可直接以中项之数乘以项数。

【例 5-11】　63+64+65+66=[(63+66)/2]×4=64.5×4=258

【例 5-12】　13+14+15+16+17=15×5=75

◇ 自我检测

根据心算多位数加法的逐位法、凑整法、基数法、堆垛法计算:

（1）765+843=　　　　　　　　　　（2）728+996=

（3）643+899=　　　　　　　　　　（4）39+42+38+40=

（5）21+23+27+29+25=

检测提示

任务5.2　心算减法

◇学习目标

理解心算减法原理;

能运用适当的心算方法进行减法运算。

心算减法与心算加法一样,也是从高位算起,数位对齐,逐位相减。运用心算做减法,要熟练掌握一位数或两位数相减的心算方法。

活动 5.2.1 基本心算减法

◇基本技能

一、逐位法

这是心算减法的最基本方法。心算时,位数对齐,逐位相减;先减去减数的最高位,默记答数,再减去第二位、第三位……一直减到最低位为止。

【例 5-13】 $968-631=337$

$$968-631=968-600-30-1$$
$$=368-30-1$$
$$=338-1$$
$$=337$$

二、凑整法

当减数接近于 10^n 时,可先看作 10^n 或 10^n 的倍数,相减后,再加上多减的数。

【例 5-14】 $7,682-994=7,682-(1,000-6)$
$$=7,682-1,000+6$$
$$=6,682+6$$
$$=6,688$$

三、归总法

在连减计算时,可把连减的几笔数字相加,再减去其和数。对加减混合计算,也可把所应加的数与应减的数各自累计起来,再进行加减。

【例 5-15】 $624-36+47+58-78=(624+47+58)-(36+78)$
$$=729-114$$
$$=615$$

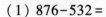

◇自我检测

用逐位法、凑整法、归总法心算下列减法：

（1）876-532=

（2）6,359-898=

（3）7,693-997=

（4）6,067-996=

（5）758-32+67+43-65=

（6）739-46+93+90-46=

（7）45,832-586+6,419-820+31=

（8）60,249+902-4,835+612-179=

检测提示

活动 5.2.2　珠算一目多行抵消法

◇基本技能

在进行珠算加减混合算时，为了减少拨珠次数与动作，提高运算速度，可采用一目两行或三行加减混合抵消法，它是珠算与心算相结合，将同位上的数字心算求和或求差，一次拨珠入盘的方法。

【例 5-16】　一目两行抵消法

$$
\begin{array}{r}
6,797 \\
-2,475 \\
\hline
\end{array}
$$

　　0 4……………………从万位档起拨珠入盘

　　0 3……………………从千位档起拨珠入盘

　　0 2……………………从百位档起拨珠入盘

　　0 2……………………从十位档起拨珠入盘

　　4,3 2 2……………计算结果

【例 5-17】　一目三行抵消法

$$
\begin{array}{r}
6,797 \\
-2,475 \\
-1,218 \\
\hline
\end{array}
$$

　　0 3……………………从万位档起拨珠入盘

　　0 1……………………从千位档起拨珠入盘

　　0 1……………………从百位档起拨珠入盘

　　- 0 6……………………从十位档起拨珠入盘

　　3,1 0 4……………计算结果

一目三行
抵消法

用一目多行抵消法计算下列各题：

（1）　　　8,6 5 7
　　　　　−2,4 2 3
　　　　　‾‾‾‾‾‾‾‾‾‾

（2）　　　8,6 5 7
　　　　　−2,2 3 3
　　　　　−3,1 1 3
　　　　　‾‾‾‾‾‾‾‾‾‾

（3）　　　6,5 6 2
　　　　　−7,1 5 9
　　　　　　3,6 4 8
　　　　　‾‾‾‾‾‾‾‾‾‾

任务 5.3　心 算 乘 法

◇学习目标

理解心算乘法原理；

能运用适当的心算方法进行乘法运算；

理解一口清速算原理，能运用一口清进行珠算乘法运算。

运用心算乘法，要熟记大九九口诀，从高位算起，逐位相乘，同位数相加，满十进位；心算口念一致，求出并牢记部分积；根据数字特点，灵活选用方法。

活动 5.3.1　基本心算乘法

◇基本技能

一、逐位法

心算时，从高位算起，并分步默念计算过程和结果，主要用于乘数为一位数时的计算，它是一种基本的算法。

【例 5-18】   38×9 = 342

$$30×9 = 270$$
$$8×9 = 72$$
$$270+72 = 342$$

二、凑整法

当一个因数接近于 10^n 或 10^n 的倍数时,可通过凑成 10^n 或 10^n 的倍数相乘,以简化计算过程,提高计算速度。

【例 5-19】   2,684×198 = 531,432

$$2,684×198 = 2,684×200-2,684×2$$
$$= 536,800-5,368$$
$$= 531,432$$

三、跟踪法

当某个因数中有相同的数字,只需计算其中一个数的乘积,对另一个相同数则依据其位置,在相应档位上加一次前面得出的乘积即可。此种方法因运用了跟踪的形式加积,所以叫跟踪乘法。它有两种情况:

（一）因数中有明显相同的数

【例 5-20】   459×44 = 20,196

乘数首位 4 乘以 459 得 1,836,乘数第二位 4 与 459 的积不必再运算,向后移一位加 1,836,得 20,196。

（二）因数中有相邻两非零数和为 9（即为 9 的倍数）的数

相邻两非零数和为 9 的数有:18、27、36、45、54、63、72、81。

【例 5-21】   627×54 = 33,858

$$627×54 = 627×(60-6)$$
$$= 627×60-627×6$$
$$= 37,620-3,762$$
$$= 33,858$$

四、折半法

当乘数是 5、25、125、625 等时,可利用"半数"的道理以折半法计算,更为方便。

（一）乘数是 5

因为 5 = 10/2 = 1/2×10，所以可先将被乘数除以 2，即折半，再乘以 10，便可得积。

【例 5-22】　648×5 = 3,240

648 折半为 324，再乘以 10，得 3,240。

（二）乘数是 25

因为 25 = 100/4 = 1/4×100，所以可先将被乘数除以 4，即折半后再折半，再乘以 100，便可得积。

【例 5-23】　1,516×25 = 37,900

1,516 折半为 758，再折半为 379，再乘以 100，得 37,900。

（三）乘数是 125

因为 125 = 1,000/8 = 1/8×1,000，所以可将被乘数折半、折半、再折半后乘以 1,000，便可得积。

【例 5-24】　6,088×125 = 761,000

6,088 折半为 3,044，再折半为 1,522，又折半为 761，再乘以 1,000 得 761,000。

（四）乘数是 625

因为 625 = 10,000/16 = 1/16×10,000，所以可将被乘数折半四次后乘以 10,000，便可得积。

【例 5-25】　848×625 = 530,000

848 折半为 424，424 折半为 212，212 折半为 106，106 折半为 53，再乘以 10,000，得 530,000。

◇ 自我检测

根据心算乘法的逐位法、凑整法、跟踪法、折半法进行计算。

（1）85×7 =

（2）76×5 =

（3）43×8 =

（4）524×6 =

（5）189×28 =

（6）367×32 =

（7）465×5 =

（8）612×25 =

（9）474×12 =

（10）625×15 =

（11）29×321 =

（12）413×55 =

检测提示

（13）61×18＝   （14）56×45＝

（15）236×67＝   （16）657×125＝

（17）326×99＝   （18）865×97＝

（19）439×999＝   （20）871×998＝

活动 5.3.2 一口清心算乘法

一口清与
传统算法

◇基本技能

乘法运算中，无论被乘数是几位数字，从根本上讲，乘法就是一位数乘多位数部分积的递位迭加。一位数乘多位数的心算法，也称一口清，它是指从高位算起，通过特定的技巧，直接得出答案的一种方法。在此主要介绍几种常用的一口清心算乘法。

一、2 的一口清

（一）2 的本个

本个是指两个数相乘，其积的个位。2 的本个是指一个数乘以 2 的积的个位。详见表 5-1。

表 5-1　2 的一口清本个表

乘数	1	2	3	4	5	6	7	8	9
本个	2	4	6	8	0	2	4	6	8

要求熟练乘数为 2 的九九口诀，以便迅速得出本个。

（二）2 的一口清的后进

后进是指在运算前面的数时，眼睛看后面的数是否要进位，要求算前观后。2 的一口清后进规律为满 5 进 1，即在计算前面的数字时，观察后面的数是否大于等于 5，如果大于等于 5 则要进 1。

（三）2 的一口清运算结果

2 的一口清运算结果为：本个＋后进。在计算一口清时，要从高位算到低位，在得出本个的同时，观察后面的数是否需要进位，如果要进位，则迅速将本个加上后进，即得出答案。

【例5-26】

$$2,679 \times 2$$

本个　4248　（从高位算起）

后进　111　（算前观后）

答案　5358　（本个+后进）

【例5-27】　7,378×2

当首位数大于等于5时,可先在被乘数前面加个0,即

07378　（前面添0）

本个　04646　（从高位算起）

后进　1011　（算前观后）

答案　14756　（本个+后进）

二、3的一口清

（一）3的本个

3的本个,是指一个数乘以3的积的个位。详见表5-2。

表5-2　3的一口清本个表

乘数	1	2	3	4	5	6	7	8	9
本个	3	6	9	2	5	8	1	4	7

要求熟练乘数为3的九九口诀,以便迅速得出本个。

（二）3的一口清的后进

在计算3的一口清时,同样要求算前观后。3的一口清后进规律为:超3且不超6的循环数进1;超6的循环数进2。

（三）3的一口清运算结果

3的一口清运算结果为:本个+后进。在计算一口清时,要从高位算到低位,在得出本个的同时,观察后面的数是否需要进位,如果要进位,则迅速将本个加上后进,即得出答案。

【例5-28】

$$2,675 \times 3$$

本个　6815　（从高位算起）

后进　221　（算前观后）

答案　8025　（本个+后进）

当本个加后进大于 10 时,取其个位即可。

【例 5-29】

$$1,338 \quad \times \quad 3$$

本个 　3 9 9 4　（从高位算起）

后进 　1 1 2　（算前观后）

答案 　4 0 1 4　（本个+后进）

三、4 的一口清

（一）4 的本个

4 的本个,是指一个数乘以 4 的积的个位。详见表 5-3。

表 5-3　4 的一口清本个表

乘数	1	2	3	4	5	6	7	8	9
本个	4	8	2	6	0	4	8	2	6

从表 5-3 可得出 4 的一口清本个规律为:奇为凑,偶为补。即当一个奇数乘以 4 时,其本个为它的凑数;而当一个偶数乘以 4 时,其本个为它的补数。

（二）4 的一口清的后进

4 的一口清的后进规律详见表 5-4。

表 5-4　4 的一口清的后进规律表

乘数	满 25	满 5	满 75
后进	1	2	3

（三）4 的一口清运算结果

4 的一口清运算结果为:本个+后进。在计算一口清时,要从高位算到低位,在得出本个的同时,观察后面的数是否需要进位,如果要进位,则迅速将本个加上后进,即得出答案。

【例 5-30】

$$1,675 \quad \times \quad 4$$

本个 　4 4 8 0　（从高位算起）

后进 　2 3 2　（算前观后）

答案 　6 7 0 0　（本个+后进）

【例 5-31】 5,628×4

由于首位要进位,因此在计算前先加 0,即

$$0\ 5\ 6\ 2\ 8$$

本个 0 0 4 8 2 （从高位算起）

后进 2 2 1 3 （算前观后）

答案 2 2 5 1 2 （本个+后进）

四、5 的一口清

5 的一口清的心算方法,不同于前面几种,它的原理为任何数字乘以 5 等于该数乘以 10,再除以 2,即折半取整。

【例 5-32】

5 的一口清
计算

$$6,2\ 8\ 2\ ×\ 5$$

6 2 8 2 0 （先在后添 0）

3 1 4 1 0 （再折半）

【例 5-33】

$$3\ 6,9\ 4\ 2\ ×\ 5$$

3 6 9 4 2 0 （先在后添 0）

1 8 4 7 1 0 （再折半）

计算 5 的一口清,当遇到奇数时,折半取其整数,注意不能四舍五入。然后将其余数 1 合着后面的数一起算即可。

【例 5-34】

$$1\ 5,6\ 2\ 3\ ×\ 5$$

1 5 6 2 3 0 （先在后添 0）

0 7 8 1 1 5 （再折半）

当首位遇到 1 时,看成十几,再折半取整。

五、9 的一口清

9 的一口清的心算方法,不同于前面几种,它的方法为后数减前数。但是后数是否本身作为被减数,要看是否超过了它本身的循环数（详见表 5-5）。当计算到最后一位有效数字时,则为 9 的本个。

表 5-5　9 的一口清判断规律表

后面的数为被减数 a	超过 a 的循环数	未超过 a 的循环数
前面的数为减数 b	$a-b$	$a-1-b$

9 的本个详见表 5-6。

表 5-6　9 的一口清本个表

乘数	1	2	3	4	5	6	7	8	9
本个	9	8	7	6	5	4	3	2	1

观察表 5-6,可以看出 9 的一口清本个规律为其补数。

【例 5-35】

$$1,3\,7\,9\ \ \times\ \ 9$$

0 1 3 7 9　（先在前添 0）

1 2 4 1 1　（答案）

计算时,先判断后数是否超了它本身的循环数,若超过则为其本身来减,即 $a-b$,若没有超则 $a-1-b$。

【例 5-36】

$$2,8\,5\,6\ \ \times\ \ 9$$

0 2 8 5 6　（先在前添 0）

2 5 7 0 4　（答案）

当后数减前数不够减时,则先将被减数加 10,再减前数即可。

◇自我检测

一口清在珠算
乘法中的运用

用一口清速算下列各题,并直接将结果拨在算盘上

（1）685×2＝　　　　　　　　　（2）796×2＝

（3）343×2＝　　　　　　　　　（4）953×2＝

（5）239×3＝　　　　　　　　　（6）367×3＝

（7）465×3＝　　　　　　　　　（8）612×3＝

检测提示

（9）474×4＝　　　　　　　　　（10）625×4＝

（11）429×4＝　　　　　　　　　（12）783×4＝

（13）681×5＝　　　　　　　　　（14）756×5＝

（15）238×5＝　　　　　　　　　（16）639×5＝

（17）346×9 ＝   （18）492×9 ＝

（19）218×9 ＝   （20）468×9 ＝

*任务5.4　心　算　除　法

◇学习目标

理解心算除法原理；

能运用适当的心算技巧运算除法。

心算除法是四则运算中难度较大的一种计算方法,这里只简单介绍几种常见的方法。

◇基本技能

一、凑成法

凑成法即用除数或除数的倍数去凑成被除数,从而得出商数的一种运算方法。

【例5-37】　香蕉每千克2.6元,7元可买多少千克？（定位方法:公式定位法,下同。）

心算过程：

2千克是5.20元,7元买2千克,还余1.80元。

0.6千克是1.56元,1.80元买0.6千克,还余0.24元。

0.09千克是0.234元,0.24元约买0.09千克,余0.006元略去不计。

7元可买香蕉约2.69千克。

二、以乘代除法

根据乘除互为逆运算的原理,凡除数是5、25、125等数时,可分别用被除数乘以2/10、4/100、8/1,000等数来代替除算。

【例5-38】　$48÷5＝9.6$

心算过程：

$48×2＝96$,经定位,得商数为9.6。

【例5-39】　$3.45÷0.25＝13.8$

心算过程：

$345×4＝1,380$,经定位,得商数为13.8。

【例5-40】　$31.06÷0.125＝248.48$

心算过程：

$3,106 \times 8 = 24,848$，经定位，得商数为 248.48。

三、折半法

如遇到除数是 2、4、8、16 等 2 的乘方数时，可以将被除数折半一次、二次、三次……求得商数。

【例 5-41】　$638 \div 2 = 319$

心算过程：

将 638 折半一次，求其商数为 319。

【例 5-42】　$976 \div 40 = 24.4$

心算过程：

将 976 折半一次为 488，再将 488 折半一次为 244，最终求得商数为 24.4。

四、扩倍法

当除数有效数码 ≤50，末位数是 5 时，可将被除数与除数都扩大 1 倍（被除数和除数都乘 2），使除数变成只有一位有效数字后再除，得商一致，而简化计算。

【例 5-43】　$135 \div 0.45 = 300$

心算过程：

将 135 和 0.45 分别扩大 1 倍，使其变为 270 和 0.9，经定位，得商数为 300。

◇自我检测

根据心算除法的凑成法、以乘代除法、折半法、扩倍法进行计算。

检测提示

（1）$675 \div 5 =$　　　　　　　（2）$734 \div 2 =$

（3）$208 \div 4 =$　　　　　　　（4）$524 \div 8 =$

（5）$1,800 \div 25 =$　　　　　　（6）$4,000 \div 125 =$

（7）$832 \div 52 =$　　　　　　　（8）$414 \div 23 =$

（9）$1,148 \div 41 =$　　　　　　（10）$1,066 \div 82 =$

（11）$832 \div 32 =$　　　　　　（12）$660 \div 55 =$

（13）$1,190 \div 85 =$　　　　　（14）$2,976 \div 96 =$

（15）$980 \div 25 =$　　　　　　（16）$1,125 \div 125 =$

（17）$952 \div 56 =$　　　　　　（18）$954 \div 18 =$

（19）$4,800 \div 75 =$　　　　　（20）$1,536 \div 96 =$

[*]任务 5.5　珠算式心算简介

◇学习目标

了解珠算式心算的前提；

熟悉珠算式心算训练过程。

珠算式心算是在熟练珠算运算的基础上，通过对算盘的映像进行珠算式计算，即脑中模拟打算盘，使有形计算变为无形计算的一种方法。由于珠算式心算是珠算的进一步演变，因此，要想学好珠算式心算，必须熟练掌握珠算的运算方法，并在此基础上，使用无形的算珠即"映像图"来进行计算，从而达到提高运算速度之目的。

学习珠算式心算的关键在于脑中模拟算盘计算法，直接通过听觉或视觉器官将数字变成算珠的映像记于脑中，最终算出结果。开始时，可进行想象拨珠练习，由易到难，先闭目强迫大脑进行想象，然后过渡到不闭目进行想象。先练习听算，待熟练后再练习看算。本任务介绍几种比较简单的方法。

活动 5.5.1　珠算式心算加减法

◇基本技能

珠算式心算加减法与珠算加减法相同，要熟练掌握它，关键是要有一套科学的训练方法，特别是要加强看数、记数训练和听算、看算练习。

一、看数、记数训练

看数、记数训练一般借助于数字卡片来进行。

首先，训练看数、写数。抽取一张卡片，约看 1 秒钟，记住看到的数并迅速写下来（写数时间 2~3 秒钟）。一段时间后，再练习多张卡片看数、写数训练，并逐步增加位数和卡片的张数。

其次，进行记数、读数训练。看数方法同前，只是间隔 1~2 秒钟，将看到的数背读出来。注意循序渐进，由少到多。

二、听算、看算练习

一般应先练听算，再练看算，后交替练习，具体训练时，可由易到难，分步进行。

（一）听（看）算三个一位数字的加、减法

如：

8	7	9	9	7	5
7	1	6	−6	−3	−4
6	4	3	4	5	7

（二）听（看）算两个两位数字的加、减法

如：

72	21	15	93	68	73
13	34	29	−46	−37	−26

（三）听（看）算三个两位数字的加、减法

如：

52	67	68	87	41	92
62	96	47	−38	−18	−15
19	43	52	46	98	36

待上述题型熟练后,再练习多位数加、减法。

◇自我检测

1. 心算下列各题之和,再颠倒次序验算。

（1）2+3+4＝

（2）4+1+7＝

（3）4+7+5＝

（4）6+8+8＝

（5）6+9+3＝

（6）51+92+65＝

（7）31+34+82＝

（8）67+96+43＝

（9）92+15+36＝

（10）41+18+98＝

检测提示

2. 珠算式心算加减法练习

（1） 824,057
    −69,312
      3,095
    −74,186
    135,697
     −4,208

（2） 602,853
    −74,901
      8,137
    −59,264
    319,475
     −2,086

（3） 951,724
    −63,908
     −7,026
    −84,135
  −346,802

（4） 792,305
    −41,768
     −5,084
    −62,139
  −421,068

提示：要熟练掌握珠算式心算，关键是要加强看数、记数训练和听算、看算练习。

活动 5.5.2　珠算式心算乘除法

◇基本技能

一、珠算式心算乘法

珠算式心算乘法与珠算乘法一样，一般用九九口诀或"一口清"进行运算，具体训练时，也是由易到难，分步进行。先从一位数字乘以两位数字开始，逐步向一位数字乘以多位数字发展。

常见的题型有：

（一）一位数乘以二位数

如：

（1）56×4=　　　　（2）67×5=　　　　（3）82×9=　　　　（4）41×7=

（二）一位数乘以多位数

如：

（1）367×5=　　　　（2）874×6=　　　　（3）598×9=

163

待上述题型熟练后,再练习多位数乘算。

二、珠算式心算除法

珠算式心算除法是在熟练一位数乘以多位数的珠算式心算乘法和珠算式心算加法基础上进行的。训练时,也是由易到难,分步进行。

常见的题型有:

（一）除以一位数得一位数

如:

（1）63÷7 =　　　　　（2）48÷6 =　　　　　（3）81÷9 =　　　　　（4）56÷8 =

（二）除以一位数得二位数

如:

（1）189÷3 =　　　　　（2）384÷8 =　　　　　（3）203÷7 =　　　　　（4）162÷6 =

待上述题型熟练后,再练习多位数除算。

◇ 自我检测

检测提示

1. 珠算式心算乘法练习

以看数心算为主,可采用空盘前乘法或"一口清"进行运算。

（1）85×2 =　　　　　　　　　　　　（2）76×5 =

（3）43×9 =　　　　　　　　　　　　（4）52×4 =

（5）89×3 =　　　　　　　　　　　　（6）367×5 =

（7）645×2 =　　　　　　　　　　　 （8）812×7 =

（9）274×9 =　　　　　　　　　　　 （10）665×5 =

提示:要熟练掌握珠算式心算乘法,关键是要加强看数、记数训练和听算、看算练习。

2. 珠算式心算除法练习

（1）268÷2 =　　　　　　　　　　　 （2）432÷4 =

（3）705÷5 =　　　　　　　　　　　 （4）256÷8 =

（5）270÷6 =　　　　　　　　　　　 （6）427÷7 =

（7）385÷5 =　　　　　　　　　　　 （8）204÷3 =

（9）116÷4 =　　　　　　　　　　　 （10）136÷8 =

提示:（1）在熟练珠算除法、一位数乘多位数的珠算式心算乘法及珠算式心算加减法的基础上进行运算;（2）训练时由易到难,分步进行。

主要参考文献

[1] 孙明德,卢云峰.会计基本技能[M].2版.北京.高等教育出版社,2009.

[2] 王宗江,孙明德.珠算技能与文化[M].北京.高等教育出版社,2018.

会计专业国家规划教材及其配套用书

书　号	书　名	主　编
978-7-04-053072-8	会计基本技能（第二版）	关　红
978-7-04-054006-2	会计基本技能强化训练（第二版）	关　红
978-7-04-054045-1	会计基础（第二版）	杜怡萍
978-7-04-055279-9	会计基础学习指导与练习（第二版）	梁延萍
978-7-04-048723-7	出纳实务	刘　健
978-7-04-054274-5	出纳实务同步训练	刘　健
978-7-04-049443-3	企业会计实务	徐　俊
978-7-04-050980-9	企业会计实务学习指导与练习	梁健秋
978-7-04-054134-2	税费计算与缴纳（第二版）	陈　琰
978-7-04-055533-2	税费计算与缴纳同步训练（第二版）	陈　琰
978-7-04-049324-5	纳税实务（第四版）	乔梦虎
978-7-04-056970-7	会计电算化（T3云平台）（第二版）	韩　林
978-7-04-057183-7	会计电算化同步训练（T3云平台）（第二版）	韩　林
978-7-04-051989-1	会计实务操作（第二版）	朱玲娇
978-7-04-053440-5	企业会计模拟实习	朱玲娇
978-7-04-054165-6	成本业务核算（第二版）	詹朝阳
978-7-04-55536-6	成本业务核算同步训练（第二版）	詹朝阳
978-7-04-055711-4	统计信息整理与应用	张寒明
978-7-04-048691-9	收银实务（第三版）	于家臻
978-7-04-054908-9	收银实务同步训练	于家臻
978-7-04-054135-9	财经法规与会计职业道德（第二版）	韩　菲
978-7-04-055936-1	财经法规与会计职业道德学习指导与练习（第二版）	余　琼、韩　菲
978-7-04-048159-4	财经应用文写作	柳胜辉
978-7-04-051925-9	财经应用文写作同步训练	柳胜辉、何　茹
978-7-04-050145-2	财经文员实务	林　晓

书　号	书　名	主编
978-7-04-055717-6	会计电算化（T3 云平台）（第二版）	曹小红
978-7-04-056407-5	会计电算化上机指导（T3 云平台）（第二版）	曹小红、李　辉
978-7-04-028745-5	Excel 在会计中的应用（第三版）	孙万军
978-7-04-049106-7	涉税业务信息化处理	马　明
978-7-04-055156-3	会计实务信息化操作（第二版）	曾红卫
978-7-04-056640-6	传票翻打技能强化训练	关　红
978-7-04-	经济法基础	谭治宇
978-7-04-	经济法基础学习指导与练习	白　鸥
978-7-04-	财会基础知识	阳　柳、李　波
978-7-04-056426-6	企业办税实训	王　维、陆　艺
978-7-04-	企业财务会计	李建红
978-7-04-047239-4	成本核算信息化处理	张建强
978-7-04-050920-5	基础会计（第 5 版）	陈伟清、张玉森
978-7-04-050907-6	基础会计习题集（第 5 版）	陈伟清、张玉森
978-7-04-050868-0	基础会计实训（第 3 版）	杨　蕊
978-7-04-049496-9	财政与金融基础知识（第 3 版）	彭明强
978-7-04-050386-9	财政与金融基础知识同步训练	彭明强
978-7-04-047645-3	税收基础（第 5 版）	陈洪法
978-7-04-048445-8	税收基础同步训练	陈洪法
978-7-04-050525-2	经济法律法规（第 4 版）	李新霞
978-7-04-051924-2	经济法律法规同步训练	李新霞
978-7-04-051239-7	统计基础知识（第 4 版）	娄庆松、杨　静
978-7-04-051884-9	统计基础知识习题集（第 4 版）	娄庆松、杨　静
978-7-04-039596-9	统计基础实训（第 2 版）	娄庆松
978-7-04-049938-4	企业财务会计（第 5 版）	杨　蕊、梁健秋
978-7-04-050406-4	企业财务会计同步训练	梁健秋
978-7-04-052652-3	企业财务会计实训（第 3 版）	杨　蕊
978-7-04-032247-7	财务管理（第 5 版）	张海林
978-7-04-054059-8	财务管理习题集（第 5 版）	张海林
978-7-04-027340-3	政府与非营利组织会计（第 2 版）	尹玲燕、杨常青
978-7-04-027341-0	政府与非营利组织会计学习指导与练习（附光盘）	尹玲燕

书　号	书　名	主　编
978-7-04-051880-1	审计基础知识（第3版）	周海彬
978-7-04-052894-7	审计基础知识同步训练	周海彬
978-7-04-051879-5	会计模拟实习（第4版）	陈红文、许长华
978-7-04-051256-4	会计单项模拟实习（第3版）	马　明、许长华
978-7-04-051255-7	会计综合模拟实习（第3版）	林　宏、许长华
978-7-04-053026-1	会计实务操作（第3版）	杨　蕊
978-7-04-050906-9	出纳会计实务（第3版）	林云刚、华秋红
978-7-04-052910-4	出纳会计实务操作（第2版）	林云刚
978-7-04-021101-6	会计英语（附光盘）	许长华
978-7-04-033068-7	成本会计（第3版）	詹朝阳
978-7-04-054097-0	成本会计同步训练	詹朝阳
978-7-04-014970-8	初等管理会计	金　萍
978-7-04-050323-4	商品流通企业会计（第4版）	张立波
978-7-04-051876-4	商品流通企业会计习题集（第4版）	张立波
978-7-04-054843-3	商品流通企业会计实训（第3版）	张立波
978-7-04-057547-7	珠算技术（第二版）	孙明德、徐　蓓
978-7-04-057266-7	珠算技术强化训练	徐　蓓
978-7-04-	统计基础工作	项　菲、莫翠梅

学习卡账号使用说明

一、注册/登录

访问 http://abook.hep.com.cn/sve,点击"注册",在注册页面输入用户名、密码及常用的邮箱进行注册。已注册的用户直接输入用户名和密码登录即可进入"我的课程"页面。

二、课程绑定

点击"我的课程"页面右上方"绑定课程",正确输入教材封底防伪标签上的 20 位密码,点击"确定"完成课程绑定。

三、访问课程

在"正在学习"列表中选择已绑定的课程,点击"进入课程"即可浏览或下载与本书配套的课程资源。刚绑定的课程请在"申请学习"列表中选择相应课程并点击"进入课程"。

如有账号问题,请发邮件至:4a_admin_zz@pub.hep.cn。